Verständliche Wissenschaft Band 99

Hildebert Wagner

Rauschgift-Drogen

Zweite Auflage

Mit 55 Abbildungen

Springer-Verlag
Berlin · Heidelberg · New York 1970

Herausgeber der Naturwissenschaftlichen Abteilung:
Prof. Dr. Karl v. Frisch, München

*o. ö. Prof. Dr. Hildebert Wagner, Co-Direktor des
Instituts für Pharmazeutische Arzneimittellehre der Universität München*

Umschlaggestaltung: W. Eisenschink, Heidelberg

Vorwort zur 2. Auflage

Die große Aktualität, die heute Rauschgifte in unserer Gesellschaft in immer stärkerem Maße gewinnen, vor allem aber die zur Zeit im Gange befindlichen Diskussionen über den angeblich „harmlosen“ Charakter einiger Rauschgifte, verlangen nach einer objektiven und kritischen Gesamtdarstellung dieses Themas.

Daß hierfür ein echtes Bedürfnis besteht, beweist die schon nach knapp einem Jahr notwendig gewordene 2. Auflage. Um die Herausgabe dieser 2. Auflage nicht zu verzögern, wurden außer stilistischen Verbesserungen und notwendigen Korrekturen keine Ergänzungen vorgenommen.

Es bleibt zu hoffen, daß auch die zweite Auflage ihren Zweck, über ein interessantes und aktuelles Thema zu informieren, erfüllt.

München, den 16. Juni 1970 H. WAGNER

Vorwort zur 1. Auflage

Was für eine wundersame Welt tut sich auf, wenn wir Bücher über Rauschgifte lesen! Fremde Länder, Urwaldmedizin, Lasterhöhlen, Verbrechen und „süßes Leben“! Wieviel Dichtung und Phantasie verbirgt sich dahinter! Man kann den Schreibern wenig Vorwurf machen, denn Genaues wissen wir über unsere Rauschgiftdrogen erst seit wenigen Jahren. Dank moderner Methoden ist es den Chemikern nach jahrzehntelangen Bemühungen gelungen, die Rauschgiftdrogen zu entzaubern. Erst heute kennen wir die Wirkprinzipien der wichtigsten Rauschgiftdrogen. Ihre Wirkungen sind an Tier und Mensch genau studiert und auf ihre therapeutische Eignung eingehend geprüft worden.

All das rechtfertigt einen Überblick über dieses interessante Gebiet und schließlich auch den vorliegenden Versuch. Das Büchlein, das in Anlehnung an Vorlesungsmanuskripte geschrieben wurde, greift zurück in die geheimnisvolle Welt der Medizinmänner, es begleitet den Botaniker und Ethnologen auf seinen Streifzügen durch den Urwald und es führt in die Laboratorien der Chemiker und Pharmakologen, in denen unsere Rauschgiftdrogen in aufsehenerregenden Experimenten auf ihre Wirkstoffe untersucht werden. Man wird es dem Schreiber verzeihen, wenn er auch die Geschichte der Rauschgiftdrogen da und dort zu Wort kommen ließ. Denn gerade sie lehrt, wieviele Irrwege die Forscher gehen mußten, um die Rauschgiftdrogen von Aberglauben und mystischem Beiwerk zu befreien. Wer das Büchlein aufmerksam und mit Verständnis liest, wird keine Neugierde verspüren, Rauschgifte an sich selber zu versuchen. Vielleicht aber wird er nicht müde, über die gewaltigen und unheimlichen Kräfte der Natur zu staunen und nachzusinnen.

Da der Inhalt dieses Büchleins mein eigenes Forschungsgebiet nur am Rande berührt, mußten viele Forschungsergebnisse anderer Kollegen berücksichtigt werden. Es ist daher unmöglich, alle diese Quellen im einzelnen aufzuführen.

Ich möchte aber an dieser Stelle allen diesen Kollegen für ihre Hinweise und Beiträge herzlich danken. Mein besonderer Dank gilt Herrn Professor Dr. Dr. h. c. L. HÖRHAMMER (Direktor des Instituts für pharmazeutische Arzneimittellehre, München), Herrn Prof. Dr. R. E. SCHULTES (Botanical Museum, Harvard University, Cambridge, Mass., U.S.A.) und Herrn Dr. A. HOFMANN (Firma Sandoz A.G., Basel) für das mir in so großzügiger Weise zur Verfügung gestellte Bildmaterial, sowie Frl. I. BOHM, Botanisches Institut der Universität München, für die sorgfältig und mit viel Liebe ausgeführten Pflanzenzeichnungen.

München, Juni 1969 HILDEBERT WAGNER

Inhaltsverzeichnis

I. Was sind Rauschgifte und welches sind ihre charakteristischen Eigenschaften?

Die beiden Begriffe Rausch und Gift sind so alt wie die Menschheit.

Da der Rausch die Enttäuschungen und Leiden des Lebens, wenn auch nur für kurze Zeit, vergessen läßt, sahen viele Menschen in ihm ein Mittel zu irdischem Glück.

Auch das Gift hat die Menschen durch seine dämonische Eigenart seit jeher stark beeindruckt. Da es schon in kleinsten Mengen, ungesehen aber doch sichtbar Schaden zufügt, verbreitete es Furcht und Grauen. Sich vor ihm zu schützen, schien unmöglich. Wie wir sehen, drücken beide Begriffe etwas sehr Gegensätzliches aus. Und doch können sie auch zusammengehören, dann nämlich, wenn wir einen Stoff vor uns haben, der Rauschmittel *und* Gift in einem ist. Das ist in der Tat sehr häufig der Fall. Viele unserer sog. Rauschmittel sind zugleich Körpergifte, die irreversible Schäden, ja sogar den Tod verursachen können. Viele Rauschzustände sind oft Folge einer starken Vergiftung oder sind mit dem Vergiftungsbild selbst identisch. Andererseits kann aber ein als Rauschgift bekannter Pflanzenstoff auch zum Arzneimittel werden, wenn man ihn wie das Opium oder das Morphin in kleinsten Dosen verabreicht. Diese Erscheinung war schon den Ärzten des frühen Mittelalters bekannt. So schreibt PARACELSUS: „Wenn Ihr jedes Gift recht auslegen wollt, was ist, das nit Gift ist? Alle Dinge sind Gift und nichts ist ohne Gift; allein die Dosis macht, daß ein Ding kein Gift ist. Ich gebe Euch zu, daß Gift Gift sei, daß es aber darum sollte verworfen werden, das soll nit sein.“ Von der *Dosierung* hängt es also ab, ob ein stark wirkender Stoff Gift-, Rausch- oder Arzneimittel-Wirkung entfaltet. Man muß hier allerdings einschränken, daß diese Regel nur auf Menschen anwendbar ist, die eine mittlere Verträglichkeit *(Toleranz)* gegenüber stark wirkenden Mitteln besitzen. Diese kann aber durch allerlei Faktoren erhöht oder erniedrigt sein.

Ein Beispiel für erhöhte Toleranz sind die Arsenikesser der Steiermark. Sie essen das giftige Arsen als Aphrodisiacum und um ihre Leistungsfähigkeit zu steigern. Dabei sind sie durch jahrelangen ständigen Genuß dem Gift gegenüber so tolerant geworden, daß sie ein Gramm Arsenik ohne ernstliche Gesundheitsschäden vertragen. Demgegenüber beträgt die tödliche Dosis für einen Menschen, der nicht daran gewöhnt ist, knapp 100 Milligramm. Diese Toleranzunterschiede werden aber nicht immer durch „Training" erworben. Sie können auch angeboren sein. So beobachtet man bei Völkern unterschiedlicher Entwicklungsstufe und Rassezugehörigkeit eine oft sehr verschiedene Toleranz gegenüber stark wirkenden Stoffen. Zum Beispiel können die gleichen Giftmengen, die bei Eingeborenen schon stärkste Vergiftungen hervorrufen, beim Durchschnittseuropäer nur leichte Vergiftungserscheinungen verursachen. Ähnliches gilt für die Rauschwirkung. Drogenmengen, die bei Eingeborenen Halluzinationen und Delirien auslösen, führen bei weißen Versuchspersonen oft nur zu geringfügigen psychischen Veränderungen. Vielleicht ein Grund, weshalb viele Experimente mit solchen Versuchspersonen negativ verlaufen sind. Die Gift- und Rauschwirkung hängt also auch stark von körperlichen und psychischen Faktoren ab.

Die meisten Rauschgifte sind organischer Natur. Es gibt zwar auch unter den anorganischen Stoffen eine Reihe von Giften, aber sie erzeugen keine Rauschzustände. Woher kommen unsere bekannten Rauschgifte? Nahezu alle entstammen der Pflanzenwelt. Sie wurden von den Chemikern in oft mühevoller Arbeit aus den Pflanzen isoliert und stehen heute in reiner, kristalliner Form zur Verfügung. Nur ein kleiner Teil der heute auf dem Markt befindlichen Rauschgifte, darunter das LSD, ist in den Laboratorien der Chemiker synthetisch hergestellt worden.

Wie wir später noch genauer sehen werden, sind die einzelnen Rauschgifttypen in ihrer chemischen Struktur häufig sehr verschieden; ja oft besteht überhaupt keine chemische Verwandtschaft. Trotzdem können die Rausch- und Vergiftungserscheinungen völlig gleichartig sein.

Ohne daß wir an dieser Stelle auf Einzelheiten eingehen wollen, läßt sich die Rauschgiftwirkung etwa so charakterisieren: Die Giftwirkung kann verschiedene Organe des Körpers befallen. Der Rauschzustand dagegen wird immer durch Reaktionen in bestimmten Teilen des Gehirns bzw. des Nervensystems ausgelöst. Somit ist die Giftwirkung eine unliebsame, unerwünschte *Nebenwirkung* der Rauschdroge, die man noch nicht gelernt hat, auszuschalten. Wer somit den Rausch wünscht, muß mit dem Gift leben.

Im Vordergrund unserer Betrachtung über Rauschgiftdrogen steht das Phänomen Rausch. Man versteht darunter einen Dämmer- oder Erregungszustand, der stark von der Norm abweicht. Er kann mit oder ohne Bewußtseinstrübung einhergehen. Der Berauschte ist häufig nicht mehr in der Lage, seine Situation klar zu erkennen. Einige Rauschzustände werden von optischen oder akustischen Sinnestäuschungen, andere von schreckhaften Wahnvorstellungen begleitet. Dabei hängt das Bild, das der berauschte Mensch bietet, sehr stark vom Persönlichkeitstyp ab. Es gibt Menschen, die sich im Rausch gewalttätig, brutal und wie wahnsinnig gebärden, andere werden apathisch und sentimental und erscheinen völlig in sich gekehrt.

Typisch für viele Rauschzustände ist, daß sie von einem ausgesprochenen Wohlbefinden, einer *Euphorie* begleitet werden.

Diese Euphorie entsteht wahrscheinlich dadurch, daß das Rauschgift die hemmende Funktion des Großhirns teilweise oder ganz ausschaltet. Mit anderen Worten, die normalen Hemmungen, die dem Menschen auferlegt sind und die, wie wir alle wissen, sehr oft ein Gefühl von Unlust und Niedergeschlagenheit erzeugen können, verschwinden. Der Mensch kann jetzt ungehemmt seinen inneren Regungen folgen. Er hat das Gefühl, daß sein Handeln mit seinem innersten Wesen in völliger Übereinstimmung ist, er fühlt sich frei von Sorgen und Nöten. Nicht selten gehört zum euphorischen Geschehen auch der völlige Verlust des Zeitgefühls. So können wenige Minuten zu Stunden des höchsten Glücks werden oder der Berauschte hat das Gefühl, ganze Zeiträume in wenigen Minuten zu durcheilen. Diese Erlebnisse können von solcher Mächtigkeit sein, daß sie die alltäglichen Gedanken, Empfindungen und Sorgen völlig verdrängen.

Kein Wunder also, daß Rauschgifte auf die Menschen zu allen Zeiten eine so magische Anziehungskraft ausgeübt haben.

Hat der Mensch aber an sich erfahren, wie leicht er mit einer Droge dem grauen Alltag und seinen Verpflichtungen entrinnen kann, dann besteht Gefahr, daß er von dem Rauschgift abhängig wird. Er gewöhnt sich daran. Diese *Gewöhnung* entsteht durch fortgesetzte Zufuhr eines Rauschmittels, wobei die Dosis ständig gesteigert werden muß, um die Anfangswirkung wieder zu erreichen. Wahrscheinlich werden die Zellen des Gehirns immer unempfindlicher gegen das Gift und „gewöhnen" sich langsam daran. Aus dieser körperlichen Gewöhnung entwickelt sich schnell die „psychische Gewöhnung". Man könnte sie als die Vorstufe der eigentlichen *Sucht* bezeichnen. Nun setzt ein gieriges Verlangen nach diesem Rauschgift ein, das sich ins Übermächtige steigert. Bald ist das Stadium der offenen Sucht erreicht.

Entzieht man jetzt dem Süchtigen das Rauschgift, so sind furchtbare Abstinenzerscheinungen die Folge. Die körperlichen und seelischen Konflikte, die die Sucht ausgelöst haben, treten jetzt noch stärker hervor und treiben den Gequälten zur Verzweiflung oder direkt zum Selbstmord. Nur ein *behutsamer* Entzug des Rauschgiftes unter ärztlicher Kontrolle kann den Süchtigen so weit bringen, daß er wieder Gewalt über seine Leidenschaften bekommt. Aber nicht immer sind diese Heilungsversuche erfolgreich.

Ist Sucht oder Süchtigkeit die unausbleibliche Folge jedes wiederholten Rauschgiftgenusses?

Wir müssen diese Frage für die meisten Rauschgifte bejahen. Zumindest bergen sie alle die Gefahr der Sucht in sich. Allerdings hängt es sehr davon ab, wie oft, wieviel und aus welchem Anlaß das Rauschgift genommen wird. Bei den exotischen Rauschgiften Mexikos und Südamerikas hat man zwar bisher noch keine typischen Suchterscheinungen nachweisen können, aber vielleicht hängt dies nur damit zusammen, daß diese Drogen, wenn wir vom Kokain absehen, in der zivilisierten Welt bis heute keine allzu große Verbreitung gefunden haben.

Interessanterweise ist die Rauschgiftsucht nicht auf den Menschen beschränkt. Auch Tiere können süchtig werden. So erzählt der bekannte Erforscher der mexikanischen Rauschgifte, REKO, von Rindern, die nach dem Genuß einer mexikanischen Pflanze, namens „Chachquila", berauscht wurden und sich fortan daran gewöhnten, die Pflanzen zu fressen. Die Rinder wurden so süchtig, daß deutliche Abstinenzsymptome auftraten, wenn sie die Pflanze nicht zu fressen bekamen. Ließ man die Rinder wieder auf die Weide, trennten sie sich sofort von ihrer Herde und suchten fieberhaft nach der Stelle, wo die Pflanze wuchs. Manches Tier starb bei dieser oft stundenlangen wilden Jagd an Entkräftung. Hatte es aber die Pflanze endlich gefunden, beruhigte es sich augenblicklich und fraß davon, bis sich der Rausch einstellte.

Menschen und höhere Tiere verhalten sich also, wenn sie süchtig geworden sind, mitunter ziemlich gleich. Sie scheuen keine Mühe, um sich das nötige Rauschgift anzueignen.

Der Mensch kommt dabei sehr häufig mit dem Gesetz in Konflikt, denn der Staat verbietet die Herstellung von Rauschgiften, sofern diese nicht arzneilich verwendet werden. Die Anwendung ist dem Arzt vorbehalten und die Abgabe in Apotheken unterliegt dem Betäubungsmittelgesetz. Die Gründe sind leicht einzusehen. Der fortgesetzte Mißbrauch von Rauschgiften führt dazu, daß der Süchtige einem langsamen Siechtum anheimfällt und gesellschaftsfeindlich wird. Er begibt sich, da er nicht mehr in der Realität lebt, in eine Traumwelt. Er beginnt die Gemeinschaft zu negieren und die Sittengesetze zu leugnen. Er opponiert gegen den Staat und wird zum Revolutionär gegen jedes Ordnungsprinzip.

Während es früher jahrzehntelanger Erfahrungen bedurfte, bis die Eigenart und Gefährlichkeit eines stark wirkenden Mittels erkannt wurde, verfügen wir heute über objektive Methoden, um eine neu produzierte Verbindung schnell auf ihre mögliche Suchtwirkung hin zu prüfen. Jedes von Chemikern neu synthetisierte oder aus Drogen isolierte Beruhigungs-, Schlaf- oder Schmerzmittel wird heute vor seiner Freigabe mit Hilfe des sogenannten Lexington-Tests untersucht. Dieses Verfahren wurde im National Institute of Mental Health in Lexington (Kentucky/USA) an freiwilligen Versuchspersonen ausgearbeitet. Es besteht im Prinzip darin, daß man Morphinsüchtigen das Morphin abrupt entzieht und dafür steigende Mengen der neuen Droge gibt. Auf diese Weise erfährt man, ob die Droge die normalerweise auftretenden Abstinenzerscheinungen verhindern kann und typische Rauschgifteigenschaften besitzt. Nur wenn die suchtmachende Wirkung im Vergleich zur Arzneiwirkung gering ist, hat das Präparat eine reelle Chance, in den Handel zu kommen.

II. Einteilung und Abgrenzung der Rauschgifte

Wenn wir eine Übersicht über die heute vorhandenen Rauschgiftdrogen gewinnen wollen, brauchen wir ein Einteilungsprinzip.

Da fast alle bekannten Rauschgiftdrogen aus dem Pflanzenreich stammen, können wir das botanische Einteilungsprinzip wählen und die einzelnen Rauschgiftdrogen nach ihrer Zugehörigkeit zu bestimmten Pflanzen-Familien oder -Verwandtschaften besprechen. Wir können sie aber auch nach ihrer geographischen Verteilung auf der Erde abhandeln, so wie es die Ethnologen oder Ethnobotaniker tun. Wenn wir dem ersten oder zweiten Prinzip folgen, müssen wir in Kauf nehmen, daß Drogen mit völlig verschiedenen Rauschgiftwirkungen zusammentreffen. Das ist nicht sehr sinnvoll. Deshalb wollen wir das am häufigsten verwendete *pharmakologische Einteilungsprinzip* unserer Betrachtung zugrunde legen.

Der *Pharmakologe* teilt die Rauschgifte nach den charakteristischen Rauschsymptomen in zwei große Wirkstoffgruppen ein: in die *Euphorica* und die *Halluzinogene.*

Die Drogen der ersten Gruppe haben die Eigenart, daß sie seelisches und körperliches Wohlbehagen erzeugen, wobei wir wieder zwischen Drogen mit mehr stimulierender oder erregender und Drogen mit dämpfender oder beruhigender Wirkung unterscheiden können.

Zur ersten Gruppe rechnen wir z. B. das Opium und Kokain. Das erste Rauschgift hat einen beruhigenden Charakter, das zweite stimuliert. Beide Wirkstofftypen sind aber dadurch gekennzeichnet, daß sie das Bewußtsein mehr oder minder stark trüben.

Die zweite Wirkstoffgruppe, die Halluzinogene, greifen in ihrer Wirkung tiefer als die erste. Sie führen zu einem veränderten Erleben von Raum und Zeit, zwei Grundkategorien unserer menschlichen Existenz. Bei hohen Dosen treten Illusionen und Halluzinationen auf, die so außergewöhnlich sein können, daß man diese Drogen gelegentlich auch als *Phantastica* bezeichnet hat. Diese Gruppe hat besonders in den letzten 10 Jahren durch das Bekanntwerden von Rauschgiftdrogen der neuen Welt an Aktualität zugenommen. Zu ihr zählen die meisten exotischen Rausch- und Zauberdrogen Mittel- und Südamerikas, LSD und Haschisch mit eingeschlossen. Hervorstechendster Unterschied zu den Euphorica ist der, daß bei diesen Drogen das Bewußtsein klar erhalten bleibt, d. h. die Traumwelt, in die diese Droge führt, wird völlig real erlebt. Die Gegenstände verlieren ihren symbolischen Charakter und es kommt zu einer Persönlichkeitsspaltung, die dem Zustand der Schizophrenie nicht unähnlich sein soll. Da diese Drogen demnach eine Art von Psychose mimen und zur Erzeugung von Modellpsychosen dienen, wird diese Gruppe von manchen Pharmakologen auch als *Psychotomimetica* bezeichnet.

Zwischen diesen beiden großen Rauschgifttypen steht eine Wirkstoffgruppe, die bevorzugt in der Familie der Nachtschattengewächse (Solanaceae) vorkommt. Zu ihr zählen die Alkaloide der Tollkirsche, des Bilsenkrauts, des Stechapfels und der Alraune. Die Wirkung dieser Drogen ist sehr mannigfaltig. Bei einigen überwiegt der dämpfende narkotische Charakter. Bei anderen steht eine erregende Wirkung auf das Zentralnervensystem im Vordergrund. Bemerkenswerterweise kommt es bei Vergiftungen mit diesen Wirkstoffen fast immer zu schweren Sinnestäuschungen. Dies dürfte der Grund sein, weshalb die Solanaceenalkaloide auch manchmal zu den Halluzinogenen gerechnet werden. Das ist aber nicht gerechtfertigt; denn bei keiner Alkaloidvergiftung dieser Gruppe ist das Bewußtsein klar erhalten. Im Gegenteil, die Symptome ähneln hier oft der Wirkung des Opiums, also einem Euphoricum mit narkotischer Wirkung. Wir werden deshalb die Rauschgiftdrogen der Nachtschatten-Familie von den beiden anderen Gruppen abgrenzen und gesondert besprechen.

Nicht behandeln wollen wir in diesem Büchlein die sogenannten *Genußgifte*. Dazu rechnen wir den Alkohol, den Tabak, Kaffee und Tee. Diese Genußmittel sind zwar in manchen Wirkungen den Rauschgiften ähnlich, sie rufen z. B. ein gewisses Wohlbehagen hervor und sie können auch typische Gewöhnungssymptome auslösen, aber sie wirken, wenn wir vom Alkohol absehen, nie beruhigend oder lähmend wie die meisten Rauschgifte. Dadurch, daß sie stimulierend wirken, kommen sie einem allgemeinen Wunsch der Menschen nach leichter Anregung, Entspannung und Unterbrechung der täglichen Einförmigkeit in idealer Weise nach. Ja man kann vielleicht sagen, daß sie viele Menschen vor den wesentlich gefährlicheren Rauschgiften bewahren.

Der Alkohol nimmt eine gewisse Mittelstellung ein. Er ist für die meisten Menschen ein Genußmittel. Er ruft aber bei einzelnen Menschen eine Sucht hervor. Verglichen mit seiner weiten Verbreitung ist allerdings die Zahl der Süchtigen so klein, daß das soziale Risiko wesentlich geringer ist als bei den Rauschgiften. Wir wollen daher auch den Alkohol außer Betracht lassen.

III. Entdeckung und Verbreitung der Rauschgiftdrogen

Von keiner Rauschgiftdroge kennen wir den genauen Zeitpunkt ihrer Entdeckung. Aus den ältesten Schriften und Chroniken wissen wir nur, daß solche den Ureinwohnern Asiens und Afrikas ebenso bekannt gewesen sein müssen, wie den Indianern Mittel- und Südamerikas. Viel leichter läßt sich rekonstruieren, wie es wohl zur Entdeckung dieser Drogen gekommen ist. Da das Genußmotiv zu der damaligen Zeit noch keine Rolle gespielt hat, sind die Menschen auf diese Rauschgiftdrogen gestoßen, als sie die Pflanzen ihrer näheren Umgebung systematisch auf ihren Nutzen für das tägliche Leben untersuchten. Wir können uns gut vorstellen, wie es dabei auch zu unerwarteten Zwischenfällen gekommen sein mußte, denn natürlich gab es damals schon giftige Pflanzen. Da aber unsere Vorfahren eine gute Beobachtungsgabe hatten, blieb ihnen sicher nicht verborgen, daß die Gefährlichkeit nur davon abhing, wieviel man von diesen „Giftpflanzen" zu sich nahm. Kostete man nur wenig davon, beobachtete man sogar bei einigen eine deutliche Wirkung gegen Krankheiten. Wen wundert es daher, daß die Giftpflanzen zugleich auch unsere ersten Heilpflanzen waren? Unter den Pflanzen, die geprüft wurden, erweckten bei den Naturvölkern begreiflicherweise diejenigen, die einen Rauschzustand hervorriefen, die größte Neugierde und Ehrfurcht. Bei der damaligen Kulturstufe war es zunächst ganz natürlich, daß die Menschen diesen Pflanzen sogleich göttliche Kraft zuerkannten, ja sie sogar mit einem Gott selbst identifizierten. Da man mit Hilfe dieser Pflanzen in einen Zustand versetzt wurde, der allem Irdischen entrückt zu sein schien, erkannte man in ihnen ein Mittel, mit den Göttern in Kontakt zu kommen. Man verstand sie als Gottesgeschenk, als

Glücksbringer oder als eine Art Talisman gegen Dämonen. Man machte sie zum Mittelpunkt des religiösen Glaubens. Die geringe Zahl, in der diese Pflanzen vorhanden waren, schien anzudeuten, daß diese Drogen nicht Allgemeingut aller sein konnten, sondern nur für einige wenige Auserwählte bestimmt waren. Fortan gehörten daher diese Rauschgiftdrogen nur dem Opferpriester, dem Wahrsager und den Medizinmännern, die damit gleichzeitig eine natürliche Kontrolle gegen Mißbrauch und Genußsucht ausübten. Diese Konzentration der Rauschgiftdrogen in den Händen einiger Auserwählter war auch einer der Gründe, weshalb die Erforschung der Rauschgifte auf so große Schwierigkeiten stieß und heute noch nicht abgeschlossen ist. Die Opferpriester hatten allen Grund, mit diesen Rauschgiftdrogen sparsam umzugehen. Denn die *Zahl* der Rauschgiftdrogen auf der ganzen Welt ist, gemessen an der Gesamtzahl aller Pflanzenarten, klein. Insgesamt kennen wir heute etwa 60 Pflanzenarten, aus denen Rauschgiftdrogen gewonnen werden können. Von diesen haben wiederum nur etwa 20 in den verschiedenen Kulturepochen eine besondere Bedeutung erlangt. Dieser Zahl stehen etwa 800 000 Pflanzenarten auf der ganzen Welt gegenüber. Vergleichen wir die Zahl der Rauschgiftpflanzen mit den Pflanzen, die für die Ernährung Verwendung gefunden haben, so wird das Verhältnis nicht mehr so ungünstig. Von 3000 Nahrungspflanzen sind nur etwa 150 Arten auf dem Weltmarkt vertreten und auch von diesen kann man nur ein gutes Dutzend als lebenswichtig ansehen.

Wie steht es mit der *Verbreitung* der Rauschgiftpflanzen auf den verschiedenen Kontinenten? In allen Erdteilen, die über ein Minimum an Pflanzenvegetation verfügen, gibt es Rauschgiftdrogen. Besonders reich an ihnen sind Gebiete mit einer mannigfaltigen Flora, also Länder mit tropischem oder subtropischem Klima, wie Mittelamerika und Teile Südamerikas, das Mittelmeergebiet, Zentralafrika, der vordere Orient, Indien und die vorderasiatischen Länder nördlich und südlich des Äquators. Je weiter wir nach Norden kommen, um so geringer wird die Zahl der Rauschgift-haltigen Pflanzen. Somit sind günstige *klimatische Bedingungen* und eine reichhaltige *Flora* Voraussetzung für die Bildung von Pflanzenstoffen mit Rauschgiftwirkung. Bedeutet dies, daß nur dort der Rauschgiftkonsum verbreitet ist? Natürlich nicht;

denn Rauschgiftdrogen können gehandelt und von Gebieten mit Überfluß in Länder mit wenig Rauschgiften importiert werden, wie es der heutige weltweite *Rauschgifthandel* deutlich zeigt. Wenn wir aber prüfen, welche Rauschgiftdrogen überhaupt gehandelt werden, dann kommen wir auf ganze drei Drogen. Es sind jene, die heute in großem Maßstab in verschiedenen Teilen der Welt produziert werden: *Opium, Haschisch* und *Kokain.* Alle anderen Drogen wurden für den illegalen Handel immer erst dann interessant, wenn es den Chemikern gelungen war, den Wirkstoff der Droge künstlich in großen Mengen und billig herzustellen. Man denke an den Peyotl-Kaktus Mexikos. Solange nur er zur Verfügung stand, spielte er außerhalb Mexikos keinerlei Rolle. Als man aber das Mescalin als das wirksame Prinzip der Droge erkannt hatte und synthetisieren konnte, wurde dieses Rauschgift mit einem Schlage populär.

Die Verbreitung der Rauschgifte in der Welt ist aber nicht nur ein „Nachschubproblem". Mindestens eine ebenso große Rolle spielen auch Charakter, soziale und kulturelle Eigenart, Gesetzgebung und religiöses Empfinden eines Volkes, d. h. nicht jedes Volk bevorzugt dasselbe Rauschgift und nicht überall sind die Motive der Rauschgiftsucht die gleichen. Während bei den sozial minderbemittelten Völkern häufig Hunger, Not und Krankheit die Wegbereiter des Rauschgiftgenusses sind, ist bei vielen kulturell und wirtschaftlich hochstehenden Völkern ein übersteigerter Lebensgenuß die Ursache für einen ungehemmten Rauschgift-Konsum. Dabei ist es nicht gleichgültig, ob ein Rauschgift zu den Euphorica zählt oder zum Typ der Halluzinogene gehört. Z. B. hat der Chinese das Opium zu seinem nationalen Rauschgift erkoren, obwohl in China sehr wohl auch Haschisch kultiviert werden könnte. Umgekehrt hat sich das Halluzinogen Haschisch im Orient viel mehr verbreitet als Opium, obwohl der Schlafmohn in diesem Gebiet zu Hause ist.

Wie steht es mit der Verbreitung der beiden Rauschgifttypen auf unserer Erde? Die wenigen euphorisch wirkenden Rauschgiftpflanzen finden wir ohne besondere Bevorzugung eines Erdteils gleichmäßig über die östliche und westliche Hemisphäre verteilt. Ins Auge fällt aber die zahlenmäßige Ungleichheit der bis heute bekannten Halluzinogendrogen in der alten und neuen Welt

(Abb. 1). Von den 50 in der Literatur erwähnten halluzinogenen Drogen stammen bis auf einige wenige alle aus der neuen Welt, und zwar mit ziemlicher Bevorzugung Mittel- und Südamerikas. Woher dieser Unterschied? Natürlich denkt man zunächst an Vegetationsunterschiede. Die Tatsache aber, daß die Flora der beiden

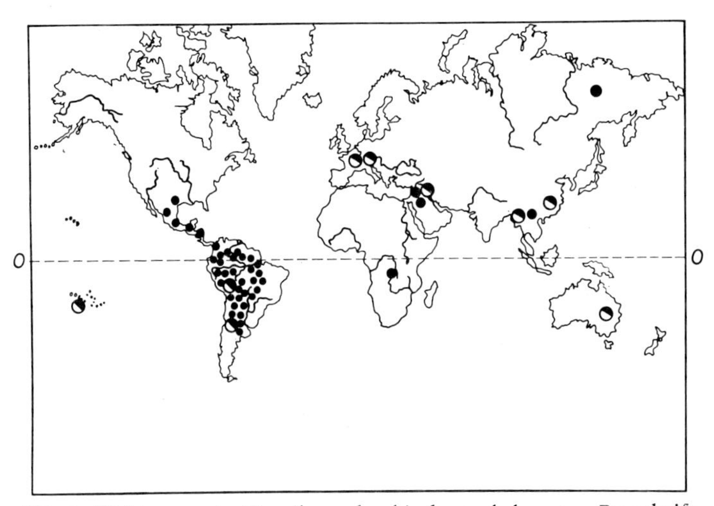

Abb. 1. Weltkarte mit Verteilung der bis heute bekannten Rauschgiftpflanzen. Die Markierungen bezeichnen die Länder oder Gebiete, in denen diese Pflanzen prozentual am meisten vorkommen oder angebaut werden. Zeichenerklärung: ● Halluzinogenpflanzen; ◑ Euphorisch wirkende Pflanzen oder Nachtschattengewächse

Hemisphären mindestens gleich reichhaltig und mannigfaltig ist, scheint dem nicht recht zu geben. Weiter könnte man fragen, ob nicht die Ureinwohner der westlichen Welt mehr Interesse an übernatürlichen Dingen hatten als die Völker des Ostens. Soweit bekannt, haben die Ethnologen auch hierfür keine schlüssigen Beweise. Die Kulturen der Alten Welt sind zudem viel älter und abwechslungsreicher an Geschichte und Beschaffenheit als die der Neuen Welt. Von einigen Forschern wird außerdem vermutet, die Urbevölkerung Amerikas habe eine größere Arzneimittelempfindlichkeit und damit eine größere Fähigkeit in der Entdeckung von stark wirkenden Pflanzen besessen als die Einwohner Asiens, Afrikas oder Europas. Aber auch dies läßt sich nicht beweisen, wenngleich bekannt ist, daß es völkische und rassenmäßige Unterschiede in der Arzneimittelverträglichkeit gibt.

Warum also bilden die Pflanzen Europas und Asiens nicht prozentual ähnliche oder gleiche Stoffe, wie die Windengewächse Süd- und Mittelamerikas oder etwa der Rauschkaktus der Wüste Mexikos? Bleibt nur noch eine mögliche Ursache. Das Klima! Tatsächlich hat man bei einer Reihe von halluzinogenen Pflanzen der östlichen Welt festgestellt, daß die Menge an produziertem Rauschgift unter den dortigen Klimabedingungen niedriger ist. Das würde bedeuten, daß es auch bei uns noch eine Vielzahl von Pflanzen geben muß, die die gleichen oder ähnlichen Halluzinogene synthetisieren, aber vielleicht in einer so verschwindend geringen Menge, daß sie bisher noch nicht entdeckt wurden. Wenn sich diese Hypothese durch die künftige Forschung bestätigt, ließe sich die beobachtete ungleichmäßige Verteilung der halluzinogenen Drogen in der Welt durch einen *quantitativen Unterschied* in den Wirkstoffkonzentrationen erklären. Vielleicht ist dies auch die eigentliche Ursache, weshalb die gleichen Rauschgiftpflanzen in verschiedenen Teilen der Erde oftmals so unterschiedliche quantitative Wirkungen hervorrufen.

IV. Euphorisch wirkende Rauschgiftdrogen

1. Opium, das Rauschgift aus der Mohnkapsel

Nach den Früchten, die man in Pfahlbauten einiger Schweizer Seen oder in der Fledermaus-Höhle von Albanol bei Granada gefunden hat, kann man annehmen, daß es in Mitteleuropa schon vor mehr als viertausend Jahren Mohnkulturen gegeben hat. Aber wahrscheinlich kultivierte man damals den Mohn in erster Linie wegen seiner ölreichen Samen. Als Mittel zur Schmerzlinderung ist uns der Mohn aus den Schriften erst ab dem 7. Jahrhundert v. Chr. mit Sicherheit bezeugt. Vermutlich waren die ägyptischen Ärzte die ersten, die seine betäubende Wirkung entdeckt und in die Heilkunde eingeführt haben. Woher die Griechen von der Opium-Bereitung erfahren haben, wissen wir nicht genau. Jedenfalls war, wie uns THEOPHRAST von Eresos (etwa 370—287 v. Chr.) berichtet, das Anritzen der unreifen Mohnkapseln zur Opiumsaftgewinnung schon genau bekannt. Man unterschied damals deutlich zwischen dem *Meconium* (von Mekone, der Mohnstadt), dem ausgepreßten Saft der Frucht oder der ganzen Pflanze und dem Milchsaft der Kapsel, dem *Opos* (griech. = Saft, daraus „Opium" abgeleitet). Es ist daher nicht weiter verwunderlich, daß eine Droge von so ausgeprägter Wirkung in die Sagenwelt des Altertums Eingang gefunden hat. So war z. B. die Mohnkapsel das Symbol für Morpheus, den Gott des Schlafes und auch Nyx, die Göttin der Nacht und Thantos, der Gott des Todes, wurden von den Griechen mit diesem Symbol bedacht. HOMER erwähnt in seiner Odyssee mehrmals einen Trank namens Nepenthes, der Kummer, Gram und Leid verscheucht und die Göttin des Mohnes wird in der Darstellung des Spätminoikums mit einer aufgesetzten Mohnkapsel als Kopfschmuck versehen (siehe Abb. 2).

Von Griechenland gelangte das Opium in die Hände der römischen Ärzte. Als ANDROMACHUS, der Leibarzt NEROS, eine Medizin gegen „alle" Krankheiten erfinden sollte, mischte er Opium diesem Getränk bei. Diese Komposition hat sich unter dem Namen Theriak bis in unser Jahrhundert im Arzneischatz erhalten und noch heute kann man in alten Apotheken und Museen die kunstvoll verzierten Porzellangefäße mit der Aufschrift Theriak bewundern (Abb. 3). Auch das Arkanum oder Laudanum, das heißt die lobenswerte, rühmliche Arznei, von PARACELSUS (1493 bis 1541) als Wunderheilmittel gepriesen, war nichts anderes als eine in seiner genauen Zusammensetzung geheime Opium-Tinktur. Wahrscheinlich haben die Araber das Opium schon im 6. und 7. Jahrhundert nach Persien, Indien und China eingeführt. Während sich aber die Söhne Mohammeds dem Haschisch-Genuß zuwandten, machten die mehr zur Meditation neigenden Chinesen das Opium zu ihrem nationalen Rauschgift. Zunächst wurde das Opium gekaut, später, etwa ab dem 17. Jahrhundert, ging man zum Opium-Rauchen über und so hat es sich bis in unsere Zeit erhalten. Wie in Amerika das Alkoholverbot, so dürfte in China das Verbot des Tabak-Rauchens durch den Kaiser mit schuld daran gewesen sein, daß sich das Opium-Laster so explosionsartig über ganz China verbreitete. Sicherlich haben auch die vielen Hungersnöte im damaligen China dieses Laster gefördert. Denn wir wissen vom Opium, daß es den Appetit vermindert und auf diese Weise das Hungergefühl unterdrückt.

Schließlich erreichte die Opiumsucht solche Ausmaße, daß sich der erste chinesische Kaiser YUNG CHING im Jahre 1729 veranlaßt

Abb. 2. Mohngöttin mit geritzten Mohnkapseln als Kopfschmuck, aus dem Spätminoikum III (15. bis 16. Jahrh. v. Chr.) in Gazi auf Kreta gefunden. Phot. Prof. KRITIKOS, Athen

sah, das gewohnheitsmäßige Opiumrauchen zu verbieten. Da dieses Verbot ohne Wirkung blieb, wurde ein zweites erlassen, das die Einfuhr und den Anbau dieses Rauschgiftes unter strenge Strafe stellte. Die Folge war, daß nunmehr der illegale Handel in ungeahntem Umfang zu blühen begann. Als auch diesem durch weitere Verbote ernste Gefahr drohte, führte England, da es um seinen

Opium-Absatz aus Indien fürchtete, zwei Opiumkriege, die es zu seinen Gunsten entscheiden konnte. In den Verträgen von Nanking und Peking erzwang England das Zugeständnis zur freien Ausübung seines Opiumhandels. Später gelang es China, sich durch den

Abb. 3. Delfter Porzellangefäß für „Theriaca Andromachi“ aus dem 17. Jahrh. Phot. Dr. HEIN

verstärkten Eigenanbau von Schlafmohn immer mehr von ausländischen Importen unabhängig zu machen, und heute gehört China neben Indien, Persien, der Türkei, Jugoslawien und Bulgarien zu den Hauptexporteuren dieses hoch bezahlten Rauschgiftes.

Der Mohn läßt sich zwar auch in Mitteleuropa und in anderen Teilen der Erde kultivieren, doch sind dort die Opium-Ausbeuten der ständigen wechselnden klimatischen Verhältnisse wegen nicht hoch genug. Hinzu kommt, daß sich die Gewinnung des Opiums in Europa allein der hohen Lohnkosten wegen nicht rentieren würde.

Als Stammpflanze unseres heutigen Schlafmohns vermutet man den in Südeuropa heimischen borstenhaarigen *Papaver setigerum.* Das ist aber sehr ungewiß und schwer nachzuprüfen; denn die Mohnpflanze wird schon seit mindestens dreitausend Jahren feldmäßig angebaut. Seit dieser Zeit war sie auf der Wanderschaft. Kreuzungen mit anderen Mohnarten und plötzlich auftretende

Abb. 4. Papaver somniferum — Der Schlafmohn mit Fruchtkapsel

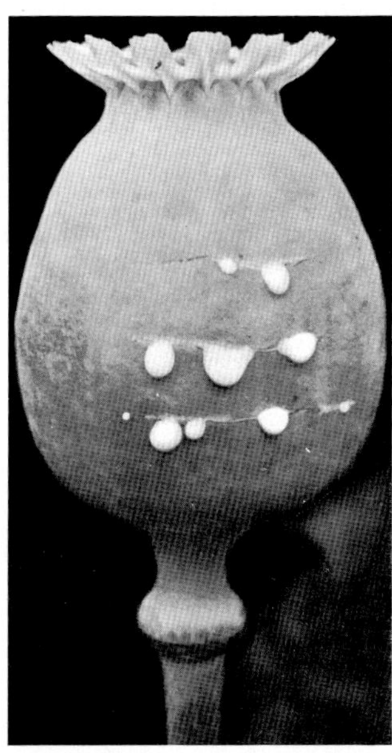

Abb. 5. Quer angeritzte Mohnkapsel mit austretendem Milchsaft

Änderungen im Erbgut (Mutationen) haben dafür gesorgt, daß es heute über 600 Mohnarten und eine Vielzahl von Kulturrassen gibt. Unter diesen gilt heute *Papaver somniferum,* der Schlafmohn, als unser wichtigster Opium-Lieferant. Ein naher Verwandter ist der rote Mohn oder Klatschmohn, der als Unkraut in unseren Getreidefeldern wächst. Er liefert kein Opium, wird aber häufig zur Gewinnung von Mohnöl angepflanzt. Der Schlafmohn selbst wird ungefähr 1—1½ m hoch und trägt am Ende des kahlen Stengels eine Blüte mit vier etwa 10 cm großen, weißen, im Inneren zumeist dunkel-violett gefärbten Blumenblättern (Abb. 4). Nach der Blütezeit, die in die Monate Juni bis August fällt, wächst die Frucht zu einer etwa eiförmigen, walnußgroßen Kapsel heran. Diese Kapsel ist, wie man leicht an den Nahtstellen sehen kann, durch Zusammenwachsen von mindestens 10 Fruchtblättern entstanden. Den Mohnkopf, wie man die Kapsel wegen ihrer Form auch bezeichnet, ziert eine strahlenförmige Krone. Sie setzt sich aus den Narben der zusammengewachsenen Fruchtblätter zusammen und heißt auch „Dächlein“. Sieht man näher zu, so entdeckt man darunter kleine halbmondförmige „Gucklöcher“, durch die später die reifen Mohnsamen ins Freie gelangen. Legt man der Länge nach mikroskopisch feine Schnitte durch den äußeren und mittleren Teil der Kapselwand, so findet man ein ganzes Netz von Gefäßen und Schläuchen, die durch Querwände miteinander verbunden sind. Dieses mit Milchsaft prall gefüllte Röhrensystem ist die Produktionsstätte der Opiumwirkstoffe. Wird die äußere Kapselwand nur an einer einzigen Stelle angeritzt, sofort tritt der weiße Milchsaft in Tropfenform aus (Abb. 5). In diesem Milchsaft gelöst findet sich die Hauptmenge der Opium-Wirkstoffe. Der Rest, etwa 10% der Kapselwirkstoffe, ist auf Stengeln, Blätter und Wurzeln des Schlafmohns verteilt. Die Samen dagegen sind frei von Rauschgift und eßbar. Man hat gefunden, daß der Gehalt an Opium-Stoffen kurz vor der Kapselreife am höchsten ist. Gewöhnlich ist das 2 bis 3 Wochen, nachdem die Blütenblätter abgefallen sind. Dann durchwandern am späten Nachmittag Scharen von Frauen und Kindern die riesigen Opiumfelder und ritzen mit ihren mehrklingigen Messern in horizontaler, schräger oder senkrechter Richtung die Kapseln an. Das muß sehr behutsam geschehen, damit nicht auch die innere Kapselwand verletzt wird und ein Teil des kostbaren Saftes nach innen abfließt. Der ausgetretene Milchsaft behält seine weiße Farbe nur kurz bei. Bald wird er braun und verharzt. Noch vor Sonnenaufgang kommen am nächsten Tag die Opium-Sammler zurück. Sie schaben den angetrockneten Milchsaft mit breiten Messerklingen von der Kapselwand ab und sammeln ihn in Gefäßen oder auf Mohnblättern. Die Roh-Opium-Ausbeute pro Kapsel beträgt etwa 0,05 g. Um also 1 kg Opium zu erhalten, benötigt man nicht weniger als 20 000 Mohnkapseln oder was dasselbe ist, ein Mohnfeld von 400 qm. Allein die Ernte dieser Menge benötigt 200—300 Arbeitsstunden. Wenn man für 1 kg Opium den derzeitigen Verkaufspreis von DM 30,— zugrunde legt, würde dies einem Stundenlohn von 15 Pfennigen entsprechen, die Sammelarbeit und die Pflege nicht miteingerechnet. Kein Wunder also, wenn die Opiumgewinnung in Europa rasch wieder aufgegeben wurde.

Verfolgen wir den Weg des gewonnenen Roh-Opiums weiter. Die braunen Harzmassen werden mit hölzernen Keulen zu Kuchen und Kugeln von 0,3 bis 3 kg Gewicht geformt, in Mohnblätter eingewickelt und dann an die im Lande verstreuten Filialen des

Abb. 6. Konfiszierte Opiumbrote aus dem illegalen Rauschgifthandel

Opium-Monopols abgeliefert. Abb. 6 zeigt einige aus dem illegalen Rauschgiftschmuggel stammende *„Opiumbrote“*. In der Türkei kommen die staatlich gesammelten Produkte in die Zentrale nach Smyrna oder Istanbul. Dort werden sie nach einer Prüfung durch Kontrollbeamte zu einem Produkt mit einem Mindestgehalt von 12% Morphin geknetet und gepreßt; sie werden in Weißblechbehälter verpackt und in Holzkisten zum Versand gebracht. Früher wurde noch der Hauptteil dieses Opiums nach den Vorschriften der Arzneibücher direkt zu Pulvern, alkoholischen Extrakten oder Tinkturen verarbeitet.

Seit man aber gelernt hat, den Hauptwirkstoff *Morphin* aus der Droge in einem rationellen Verfahren herzustellen, sind die einstmals so hochgepriesenen Opiumextrakte und -tinkturen immer mehr in Vergessenheit geraten. Sie werden heute durch die besser und sicherer wirksamen „Morphinpräparate“ ersetzt.

Das Morphin selbst, ein weißes kristallines Pulver, wurde erstmals im Jahre 1805 in Einbeck von dem damals erst zwanzigjährigen deutschen Apotheker SERTÜRNER aus dem Opium isoliert. Diese Isolierung war eine Sensation; denn sie war die erste Reindarstellung eines Alkaloids aus einer Pflanze. Und da die meisten Rauschgifte Alkaloidnatur haben, kann man das Jahr 1805 zugleich als den Beginn einer neuen Ära auf dem Gebiet der Rauschgiftforschung bezeichnen.

Nach seinem Molekülaufbau gehört das Morphin zu den sogenannten Phenanthren-Alkaloiden. Sein Kohlenstoffgerüst ist durch drei übereinander angeordnete Benzolkerne charakterisiert (Abb. 7).

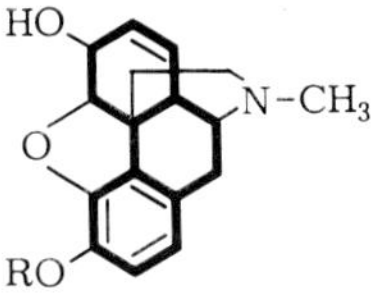

Morphin R = H
Codein R = CH_3

[stark umrandet = Phenanthren-Grundgerüst]

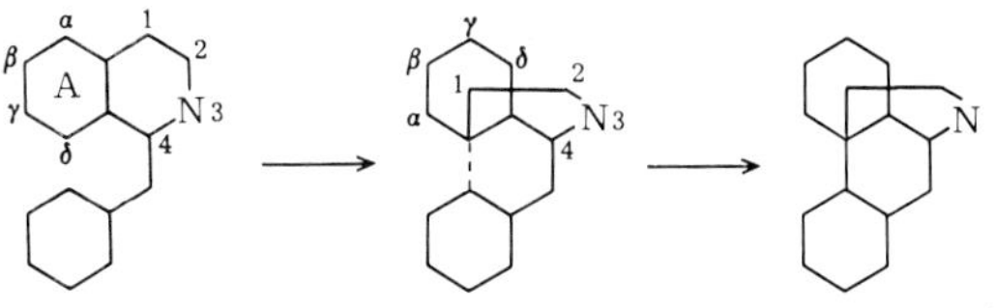

Benzylisochinolin-Typ

Phenanthren-Typ

Abb. 7. Oben: die Phenanthrenalkaloide Morphin und Codein. Unten: die strukturelle Verwandtschaft zwischen den Opiumalkaloiden vom Benzylisochinolintyp (links) und denen vom Phenanthrentyp (rechts) wird deutlich, wenn man den Ring A um 180° dreht. Man kommt dadurch für das Benzylisochinolin zu einer neuen Schreibweise (Mitte), die sich mit Ausnahme der fehlenden C-C-Bindung (------) nicht mehr vom Phenanthren-Typ unterscheidet. Diese strukturelle Beziehung kommt auch in der Biosynthese der beiden Alkaloidtypen zum Ausdruck

Das narkotisch wirkende Morphin allein macht rund 10% des Opium-Pulvers aus und ist das Hauptalkaloid der Droge. Begleitet wird es von 24 Nebenalkaloiden, die zusammen nochmals rd. 10% ausmachen. Unter ihnen sind die Hustenreiz-dämpfenden Alkaloide Codein und Noscapin und das krampflösende Papaverin die wichtigsten (siehe Tabelle).

Tabelle. Mengenmäßiges Vorkommen der wichtigsten Alkaloide im Opium (durchschnittliche Werte)

Morphin	ca. 10%	Phenanthren-Alkaloide
Codein	ca. 0,5%	
Thebain	ca. 0,2%	
Papaverin	ca. 1,0%	Benzylisochinolin-Alkaloide
Noscapin	ca. 6,0%	
Narcein	ca. 0,3%	

Chemisch gesehen gehören nur Codein und Thebain in die Familie der Morphin-Alkaloide. Die anderen leiten sich von dem sogenannten Benzylisochinolin-Typ ab. Allen Alkaloiden dieser Gruppe fehlt die narkotische Wirkung des Morphins. Auf den ersten Blick lassen diese Benzylisochinolin-Alkaloide keine Verwandtschaft mit den Phenanthren-Alkaloiden erkennen. Dreht man aber den Ring A des Moleküls um 180°, so kommt man für das Benzylisochinolin zu einer neuen Schreibweise, die sich bis auf eine fehlende C–C-Bindung nicht mehr von der des Morphins unterscheidet (siehe Abb. 7). Erst später hat man beweisen können, daß hier nicht nur eine bloße Strukturverwandtschaft vorliegt, sondern daß beide Alkaloidtypen in der Mohnpflanze auch einen gemeinsamen Ursprung haben. Die Ausgangsverbindung für beide Typen ist die in vielen Pflanzen vorkommende Aminosäure Phenylalanin. Ja wir wissen heute, daß die Benzylisochinolinalkaloide als erste Verbindungen in der Pflanze gebildet und anschließend in die Phenanthren-Alkaloide umgewandelt werden. Warum die Pflanze so verschwenderisch umgeht und sich nicht mit dem Morphin allein begnügt, wissen wir allerdings nicht.

Welches ist nun das eigentliche rausch-erzeugende Prinzip des Opiums? Ist es das Morphin allein oder die Summe aller 25

Opium-Alkaloide? Da wir heute alle Alkaloide des Opiums in reiner Form zur Verfügung haben, war das leicht nachzuprüfen. Dabei fand man, daß dem Morphin tatsächlich die Hauptwirkung zukommt, zumindest kann man mit reinem Morphin die gleichen Rauschsymptome erzeugen wie mit Opium. Allerdings hat eine bestimmte Menge reinen Morphins nicht die gleiche Wirkintensität wie ein Opium mit gleich hohem Morphingehalt. Wir wissen aus Tierversuchen und Beobachtungen an Menschen, daß einzelne Nebenalkaloide die Morphinwirkung steigern oder abschwächen können. Kombiniert man z. B. Morphin mit Narcein, so kommt es zu einer Erhöhung des schmerzstillenden Effektes um das vier- bis fünffache der Morphin-Grundwirkung. Mischt man dem Morphin aber Noscapin zu, so wirkt das Morphin nicht mehr so stark lähmend auf das Atemzentrum. Dafür aber erhöht sich die Giftigkeit des Morphins um das sechsfache. Dieses pharmakologische Wechselspiel von Morphin und Nebenalkaloiden macht letztlich den Opium-Effekt aus und erklärt, weshalb sich dieser nicht ganz mit der reinen Morphinwirkung deckt.

Natürlich kommt dieses Wechselspiel nur dann voll zur Wirkung, wenn alle Alkaloide des Opiums vom Körper gleichermaßen aufgenommen werden und auch tatsächlich bis an ihren Wirkort gelangen. Das wäre zu erwarten, wenn man Opium-Präparate ißt oder in die Blutbahn injiziert. Die zweite Möglichkeit verbietet sich wegen der vielen störenden Begleitstoffe, die im Opium-Pulver enthalten sind. Die andere Anwendung ist nur noch in Europa und Amerika üblich. Die überwiegende Zahl der Menschen, die dem Opium-Genuß frönen, bevorzugen den Opium-Dunst, das Opium-Rauchen. Bevor aber das Opium zum Rauchen geeignet ist, hat es noch einen Fermentationsprozeß durchzumachen. Für das Rauchen fehlen dem Opium nämlich das gewünschte Aroma und die richtige plastische Konsistenz. Das Roh-Opium wird daher erhitzt, geknetet und vorsichtig geröstet. Der Röstkuchen wird mit Wasser behandelt, die wäßrige Lösung stark konzentriert und der dicke Sirup mehrere Monate in kleinen Tontöpfen aufbewahrt. Während dieser Zeit kommt es unter dem Einfluß von Pilzen, die sich auf dem Sirup ansiedeln, zu einer Fermentation. Es entsteht ein Produkt, das nunmehr den gewünschten aromatischen Geruch hat und leicht geknetet werden kann. Die Chinesen bezeichnen dieses

Rauchopium als Chandu. Analysiert man jetzt diesen Chandu, so findet man, daß gegenüber dem Rohopium eine Anreicherung des Morphins und eine Verminderung der anderen Alkaloide stattgefunden hat.

Beim Rauchen unterliegt der Chandu einer Art von trockener Destillation. Die chemische Analyse des Rauchkondensates hat ergeben, daß praktisch alle wichtigen Alkaloide, also das Morphin, Codein, Theabin, Noscapin und Papaverin in den Rauch übergehen. Dabei bleibt die Zahl der verdampfbaren Alkaloide, unabhängig von der Morphinkonzentration, immer die gleiche. Natürlich läßt sich nicht vermeiden, daß ein Teil der Alkaloide einschließlich des Morphins durch die hohe Temperatur in der Glimmzone zerstört wird. Wenn man 10 g Chandu als durchschnittliche Tagesration ansieht, so bedeutet dies eine Morphinmenge von etwa 1 g. Tatsächlich werden aber davon beim Rauchen nur 20 bis 30% inhaliert. Diese Menge reicht aus, um bei einem normalen Menschen einen Dämmerzustand oder einen Narkose-ähnlichen Schlaf herbeizuführen. Sie ist aber nicht genügend für einen chronischen Opium-Raucher. Der Schriftsteller THOMAS DE QUINCEY berichtet in seinen „Bekenntnissen eines Opium-Essers", sein höchster Tagesverbrauch habe 15 g Opium betragen. Das entspräche einer Menge von ungefähr 1,5 g Morphin. Aber auch das dürfte noch nicht das Optimum gewesen sein, denn in der Literatur wird sogar von Tagesmengen bis zu 30 oder 40 g Opium berichtet. Da das Opiumrauchen schnell betäubt, zieht sich der Süchtige in die Stille zurück. Er benutzt zum Rauchen eine besonders konstruierte Pfeife, die zumeist aus einem dicken Bambusrohr gefertigt ist. Die Pfeife wird in Tätigkeit gesetzt, indem ein erbsengroßes Stück Chandu an einer Nadel über einer kleinen Flamme hin und her gedreht wird, bis es die richtige Konsistenz hat. Dann wird die Kugel in die kleine Öffnung des Pfeifenkopfes gedrückt. Nun legt sich der Raucher nieder, dreht den Pfeifenkopf nach unten und hält die Stelle, an der das Opium liegt, über die Flamme einer kleinen Lampe. Dieses Zeremoniell ist in jedem Land etwas verschieden. Im Orient wird Opium auch in sitzender Haltung geraucht (Abb. 8).

Weshalb hat das Opium seit seiner Entdeckung eine so große Anziehungskraft auf die Menschen ausgeübt? Zunächst hat es wohl die schmerzstillende und einschläfernde Wirkung so berühmt gemacht. Später hat dann die allzu häufige und kritiklose Anwendung der Opiummedizinen dazu geführt, daß man auch die euphorisierende Wirkung des Opiums entdeckte. Wie äußert sich diese? Bei entsprechender Dosierung versinkt der Opium-Raucher

Abb. 8. Chandu rauchender Irane. Mit einer Zange wird der angewärmte Chandu in die Pfeifenöffnung gestopft. Phot. dpa

schnell in einen Dämmerzustand. Alle leiblichen und seelischen Schmerzen schwinden. Mit einem zufriedenen Lächeln im Gesicht und „offenen, bald sehnsüchtig schmachtenden, bald wollüstig sinnlichen Augen" gibt er sich genußvoll seinen Träumereien hin. Die Umgebung erscheint in paradiesischem Glanze und ein Gefühl des Losgelöstseins von allen Fesseln des täglichen Lebens beherrscht das euphorische Geschehen. Bezeichnend für das Verhalten des Berauschten ist seine Ruhe, Sanftmut und Weltentrücktheit. Nie wird man erleben, daß der Opiumraucher „aus dem Rahmen fällt". Ehrgeiz und Mut sind ihm ebenso fremd wie Stetigkeit und Mäßigkeit. Opium vergrößert nicht wie Haschisch, aber es erhebt über das Erdendasein. Es macht das Häßliche schön und läßt Unrecht und Ungleichheit vergessen. Dieser Zustand des seeligen Dahindämmerns dauert einige Stunden. Dann schläft der Opium-Raucher ein. Aber schon nach wenigen Stunden erwacht er mit einem Katzenjammer, der je nach verwendeten Dosen verschieden stark ausfällt. Nicht selten ist dieses Gefühl unsäglicher Ernüchterung die Triebfeder, weshalb der Opiumraucher sofort wieder zur Pfeife greift. Die Folgen dieses fortgesetzten Opium-Mißbrauches sind bekannt. Es kommt zu einer derart starken Gewöhnung, daß nur Entziehungskuren von dieser Sucht befreien können. Da Opium die Darmbewegung lähmt, führt es zu Appetitlosigkeit und als Folge davon zur Abmagerung. Die Ärzte nützen auch heute noch diese Nebenwirkung aus, um damit Durchfälle wirkungsvoll zu bekämpfen.

Nicht alle Menschen reagieren gleich. Es gibt rühmliche Ausnahmen, ja es gibt Zeitgenossen, die den Opium-Genuß zu einer „Kunst" in ihrem Leben gemacht haben, ohne nennenswerten Schaden zu erleiden. Das berühmteste Beispiel ist wohl der Schriftsteller THOMAS DE QUINCEY. Seine „Bekenntnisse eines Opium-Essers" zählen zu den eindrucksvollsten Dokumenten des Phänomens Rausch. Was viele Opium-Süchtige gefühlt und erlebt haben, hat er in der kunstvollen Sprache des Dichters folgendermaßen ausgedrückt:

„Oh gerechtes, unendlich zartes, machtvolles Opium, das du den Herzen der Armen und der Reichen ohne Unterschied für die Wunden, die nie verheilen, und für die Qualen, die den Geist zum Aufruhr treiben, lindernden Balsam bringst. Sprachgewaltiges Opium, das du mit deiner Rede Kraft die Pläne des Zorns entführst und dem Schuldigen für eine Nacht die Hoffnungen seiner Jugend zurückgibst und Hände reinwäscht von ergossenem Blut; . . . Oh gerechtes und rechtschaffenes Opium, Du rufst vor den Richterstuhl der Träume zum Triumph der leidenden Unschuld die Meineidigen und die falsches Zeugnis reden, und die Urteile der ungerechten Richter stößt du um. Aus den Tiefen der Dunkelheit, aus der phantastischen Bilderfülle der Gehirne baust Du Städte und Tempel, schöner als die Werke Phidias und Praxiteles, herrlicher als die Pracht von Babylon und Hekatompylos und aus der Anarchie des Traumschlafs rufst du die Gesichter längst begrabener Schönheiten und die Züge der Seligen, die einst das Haus bewohnt, gereinigt von der Schmach der Gruft, ins Sonnenlicht. Du allein teilst dem Menschen diese Gaben aus, und du verwahrst die Schlüssel des Paradieses, oh gerechtes, unendlich zartes, machtvolles Opium!"

Diese enthusiastische Lobeshymne kann aber nicht darüber hinwegtäuschen, daß der Opiumkonsum ein Laster ist, das wie wenige Rauschgifte ganze Völker demoralisiert hat. Heute ist er unter dem Einfluß strenger staatlicher Kontrollen geringer geworden und die einst so berüchtigten Opiumhöhlen Chinas gehören der Vergangenheit an. Dafür unterhält aber die Regierung Maos einen schwunghaften Export, um Devisen einzuhandeln. Man gewinnt ein Bild von dem Umfang der Deviseneinnahmen, wenn man weiß, daß 1 Tonne Opium auf illegalem Wege der Regierung umgerechnet etwa 5 Millionen DM einbringt. Nach offiziellen Statistiken ist heute Indien mit jährlich etwa 700 t Opium der Haupt-Opium-Produzent. Es folgen die Türkei mit etwa 300 t und die UdSSR mit rd. 150 t im Jahr. Aus der prozentualen Menge Opium, die in den einzelnen Ländern beschlagnahmt wurde, können wir in etwa ersehen, daß die illegale Produktion und der gesetzwidrige Handel vorwiegend in den Ländern Iran, Malaysia, Laos, Thailand, Afghanistan und Cypern zu suchen sind. Verglichen mit der genannten jährlichen Weltproduktion von etwa 1500 t ist aber die Menge von 37 t, die z. B. im Jahre 1963 aus dem illegalen Handel in die Hände der Kontrollbehörden fiel, verschwindend klein. In der Bundesrepublik betrug im Jahre 1963 die beschlagnahmte Opium-Menge noch nicht einmal 50 kg. Am höchsten sind die von der Polizei jährlich konfiszierten Opiummengen in Hongkong.

Was die Suchtverbreitung auf der Welt betrifft, so gibt es Statistiken der Kommission über Rauschgiftdrogen der Vereinten Nationen. Nach diesen soll die Zahl der Opium-Süchtigen in Indien derzeit etwa 150 000 und die in der übrigen Welt nur ca. 60 000 betragen. Diese Zahlen sind aber wenig überzeugend, vor allem, wenn man den Berichten von B. RULAND in seinem Buch „Geschäfte ohne Erbarmen" Glauben schenken kann, wonach sich heute das kommunistische China am illegalen Opium-Handel mit einer Jahresproduktion von 8000 t Opium beteiligt.

2. Morphin und abgewandelte Opium-Alkaloide

Seitdem man wußte, daß das Morphin das schmerzstillende Prinzip des Opiums darstellt, begannen viele Länder das Morphin aus Opium oder Mohnstroh in industriellem Maßstab herzustellen. Der Bedarf stieg so rasch an, daß sich die jährlich legal produzierte Morphinmenge der Welt innerhalb von 40 Jahren jährlich um nicht weniger als 80 t erhöhte. Morphin gehört zu unseren stärksten Schmerzlinderungsmitteln, über die die Medizin heute verfügt. Eine Injektion von wenigen Milligramm führt in wenigen Minuten, auch bei stärksten Schmerzen, zu völliger Schmerzfreiheit. Wer als Arzt in Kriegslazaretten oder auf Krebsstationen gearbeitet hat, weiß, wieviel die leidende Menschheit diesem Stoff verdankt. Leider ist ein länger dauernder Morphin-Konsum mit Gewöhnung und einer erhöhten Suchtgefahr verbunden. Schon nach 3 Wochen täglicher Morphinzufuhr muß man die Dosis steigern, um die anfängliche Wirkung wieder zu erreichen. Im Extremfall ist die 100fache Dosis der ursprünglichen Einzeldosis von 10 mg erforderlich. Worauf diese Gewöhnung beruht, wissen wir nicht genau. Da sie sich nicht durch eine schnellere Ausscheidung oder Entgiftung des Morphins erklären läßt, muß die Gewöhnung auf zellulärer Ebene stattfinden. Diese als Morphinismus bezeichnete Süchtigkeit beobachtete man zwar schon bald nach der Entdeckung des Morphins durch SERTÜRNER, aber zur weltweiten Verbreitung kam es erst Mitte des 19. Jahrhunderts. Mitschuld daran war die Erfindung der Injektionsspritze durch den französischen Arzt PRAVAZ. Da man mit ihr das Morphin unter die Haut spritzen konnte, glaubte man zunächst eine Methode gefunden zu haben, die den Patienten vor der Sucht bewahre. Diese Annahme erwies sich aber bald als Irrtum. Die Ärzte im deutsch-französischen Krieg 1870/71 spritzten bedenkenlos bei jeder geringfügigen Verwundung Morphin. Es kam daher sehr bald zu einem gesteigerten Morphinmißbrauch und fortan griffen vor allem Menschen der oberen Schichten bei körperlichen und seelischen Beschwerden zu dieser „Modearznei". Gefährdet sind vor allem die psychisch labilen und willensschwachen Menschen. Aber man kann nie vorhersagen, ob jemand Morphinsüchtig wird oder nicht. Die Krankheitssymptome bei dauerndem Morphin-Mißbrauch decken sich in etwa mit denen des Opiums,

d. h. es kommt zu einem langsamen, aber sicheren Verfall der geistigen und körperlichen Kräfte, an deren Ende nicht selten der Selbstmord steht. Als Kuriosum sei hier vermerkt, daß wir diese Süchtigkeit auch bei Tieren beobachten können. Gibt man z. B. Hunden oder Affen steigende Mengen Morphin, so kann es zu einer derartigen Gewöhnung kommen, daß sich diese Tiere beim Anblick einer Morphium-Spritze wie wild gebärden und vor Freude „außer sich geraten". Interessanterweise steigt die Morphin-Empfindlichkeit bei Organismen mit zunehmender Entwicklung des Großhirns. Der Mensch ist, da er das leistungsfähigste Gehirn besitzt, am Morphin-empfindlichsten. Der Frosch dagegen verträgt 1000mal mehr Morphin als der Mensch. Niedrigere Tiere sind gegen Morphin auffallend unempfindlich. Von den Bakterien weiß man z. B., daß sie in einer 1%igen Morphinlösung noch prächtig gedeihen und auch Wasserflöhe bleiben bei solchen Konzentrationen noch stundenlang munter. Auch qualitativ wirkt das Morphin bei den Tieren verschieden. Während z. B. Hunde, Kaninchen und Tauben sehr leicht mit Morphin narkotisierbar sind, beobachtet man bei Pferden, Schafen und Katzen nach Morphingaben starke „seelische" Erregungen. Nach 10 mg Morphininjektion erkennt man z. B. die sonst friedlich vor sich hinschnurrende Katze nicht mehr wieder. Sie fletscht die Zähne, schlägt mit dem Schwanz hin und her, faucht und gebärdet sich wie eine gefährliche Wildkatze. Wahrscheinlich beseitigt das Morphin die der Katze im Laufe der Jahrtausende anerzogenen Hemmungen, so daß ihre angeborene Raubtiernatur wieder zum Vorschein kommt. Darüber hinaus zeigen sich alle Erscheinungen einer starken Psychose.

Diese auch beim Menschen zu Tage tretende enthemmende Wirkung des Morphins mit allen üblen Folgen der Gewöhnung und Suchtgefahr hat die Chemiker nicht ruhen lassen, diesen Stoff durch chemische Abänderung der Grundstruktur „zu entschärfen". Das Morphin sollte so umgewandelt werden, daß es keine Euphorie mehr erzeugt, aber noch die volle schmerzstillende Wirkung besitzt. Leider erfüllt von den Tausenden von Abwandlungsprodukten, die in der Zwischenzeit in den Laboratorien der pharmazeutischen Industrie aus Morphin oder Thebain hergestellt wurden, noch keines diese Forderung. Die im Handel befindlichen Arzneipräparate, wie z. B. das Polamidon, das Dolantin, das Eucodal, Dilaudid oder Acedicon wirken alle noch euphorisierend, und bei keinem von ihnen bleibt eine Gewöhnung aus. Nicht anders ist es mit den kürzlich in England aus Thebain entwickelten Präparaten M 99 (Etorphin), M 183 (Acetorphin) und M 285 (Cyprenorphin). Diese Stoffe besitzen die 8000—10 000fache schmerzlindernde Wirkung des Morphins. Nur wenige Milligramm M 99 sind z. B. notwendig, um einen ausgewachsenen Elefanten einzuschläfern und für mehrere Stunden kampfunfähig zu machen. Aber die suchtmachende Wirkung haben die Chemiker auch mit diesen Stoffen nicht beseitigen können.

Es ist eine Ironie des Schicksals, daß ihnen bei solchen Bemühungen eine Substanz in die Hände fiel, die das Morphin an Gefährlichkeit noch um ein Vielfaches übertraf. Als man nämlich das Morphin mit Essigsäure reagieren ließ, kam man zum Diacetylmorphin, dem *Heroin.* Dieses zählt heute im illegalen Handel Amerikas zum Suchtmittel Nr. 1 und wird direkt in den Herkunftsländern in illegalen Fabriken aus Opium hergestellt. Es ist das Geschäft mit der höchsten Verdienstspanne. 1 kg Roh-Opium, das die Verarbeiter im Vorderen Orient für 350 $ kaufen, kostet als Heroin für die Grossisten bei der Ankunft in den USA schon 18 000 $. Der Gesamtumsatz allein an Heroin beträgt in den USA jährlich rd. 350 Millionen $. Viel schwerer aber als der finanzielle Ruin wiegt für den Heroin-Süchtigen die Tatsache, daß es für ihn trotz Entziehungskuren kaum mehr ein Zurück in das normale Leben gibt.

3. Rauschpfeffer (Kawa-Kawa)

Die Eingeborenen der Südsee hat die Pflanzenwelt nicht so reich mit Rauschgiftdrogen beschert, wie den amerikanischen oder eurasischen Kontinent. Aber *ein* Rauschmittel war ihnen schon seit früher Zeit bekannt, der *Kawa-* oder *Awa-Trank,* der aus den Wurzeln einer Pfefferart bereitet wird. Bevor die Europäer auf den Inseln des Pazifiks Fuß faßten, war das Kawa-Trinken in fast ganz Polynesien und Melanesien, in Mikronesien nur an zwei Stellen in Gebrauch. Heute noch wird Kawa auf Samoa, auf Tonga, auf den Fidschi-Inseln und in einigen Gebieten von Holländisch Neu-Guinea getrunken. Wo man die Urheimat des Rauschpfeffers suchen muß, läßt sich nicht mit Sicherheit angeben. Nach Meinung der Archäologen und Völkerkundler liegt sie im Gebiet von Neu-Guinea. Von dort dürfte der Rauschpfeffer im Zuge der großen See-Expeditionen um 1000 v. Chr. in das sog. polynesische Dreieck gelangt sein. Dieses wird durch die Hawai-Inseln im Norden, Neuseeland im Südwesten und die Oster-Inseln im Südosten gebildet (Abb. 9). Von dem Botaniker J. R. FORSTER, einem Begleiter des

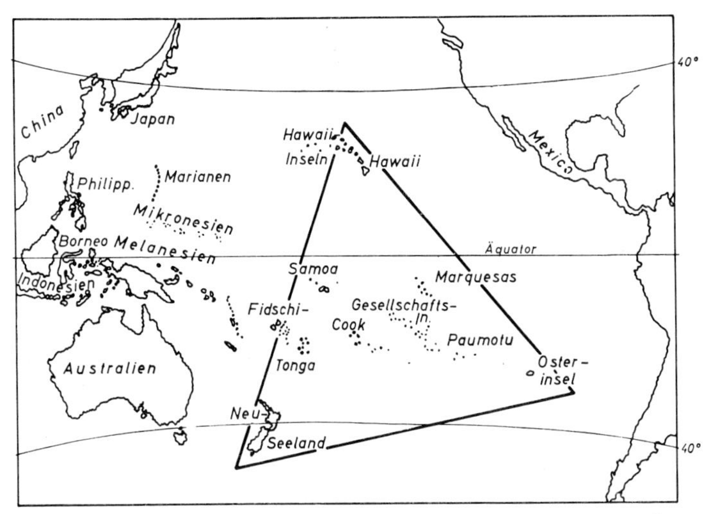

Abb. 9. Polynesisches Dreieck, in dem heute noch die Kawa-Kawa-Pflanze (Rauschpfeffer) als Arzneimittel und für zeremonielle Zwecke verwendet wird

kühnen Weltumseglers Kapitän JAMES COOK, wurde von Haiti das erste Exemplar dieser Kawa-Pflanze nach Europa gebracht. Sie gehört zu den Pfeffergewächsen und wurde von FORSTER der rauscherzeugenden Wirkung ihrer Wurzel wegen als *Piper methysticum* (vom griech. methystikos = trunksüchtig) bezeichnet.

Bei der Pflanze handelt es sich um einen 1 bis 3 m hohen Strauch mit auffallend knotigen Ästen. Die Blätter sind breit, oval bis herzförmig (Abb. 10). Die vielen kleinen Blüten bilden einen dichten, ährenartigen Blütenstand, wie wir ihn von den Aronstabgewächsen her kennen. Der Rauschpfeffer ist eine zweihäusige Pflanze und nur die Blütenstände der männlichen Pflanze gelangen zur Blüte. Die Vermehrung der Pflanze geschieht daher ausschließlich durch Stecklinge. Nicht alle Rauschpfefferpflanzen des pazifischen Raumes stimmen botanisch miteinander völlig überein. Es gibt nahezu auf jeder Insel mehrere Sorten, die sich voneinander meistens schon in ihrem Äußeren, aber auch nach der Stärke des

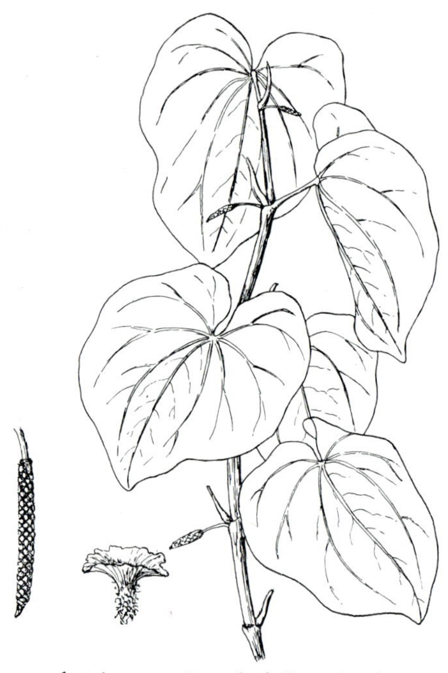

Abb. 10. Piper methysticum — Rauschpfeffer mit Blüte und Fruchtstand

Awa-Trankes, den sie liefern, unterscheiden. Auf den Fidschi-Inseln kennt man sechs verschiedene Rassen, auf Haiti 14 und auf den Marquesas-Inseln soll es nicht weniger als 21 verschiedene Varietäten geben. Von den beiden in der Farbe der Blätter und Stengel verschiedenen Pflanzenarten enthält die grüne Kawa-Sorte etwa die vierfache Konzentration an rauscherzeugenden Stoffen. Die Droge, die auf dem Weltmarkt gehandelt wird, stammt vermutlich zum größten Teil von der großen Hawai-Insel, und zwar von den vulkanischen Böden in der Nähe der Küste von Puna, Pahoa und Kalapana.

Zur Bereitung des Kawa-Tranks werden die dicken, keulenförmigen unterirdischen Sproßteile (Rhizome) und die in großen Büscheln daran haftenden Wurzeln verwendet (Abb. 11). In der Regel stammen die Wurzel- und Sproßteile von 3- bis 4jährigen Pflanzen, obwohl sie ihre volle Größe erst nach 6- bis 7jähriger

Abb. 11. Die Kawa-Kawa-Wurzeln werden als die „ersten Früchte des Landes" dem Häuptling als Zeichen der Huldigung oder den Gästen als Willkommensgruß vorgestellt. Phot. Publ. Rel. Office, Suva (Fiji) No. G 4085

Kultivierung erreichen. Bevor sie in den Handel kommen, schneidet man die wirkstoffhaltigen Teile in kleine Stücke und trocknet sie an der Sonne oder einem luftigen Platz über dem Kochherd. Der Geschmack der Droge ist schwach bitter, pfefferartig, kratzend und leicht anästhesierend. Höchst eigenartig ist die Zubereitung des Kawa-Trankes.

Sie beginnt damit, daß die zerfaserten Wurzelstücke an die zur Zeremonie versammelten Männer oder Frauen verteilt und von diesen gekaut werden. Dieser Vorgang beansprucht eine geraume Zeit. Währenddessen stimmen die feierlich im Kreis herumsitzenden Teilnehmer alte Gesänge an, deren Sinn selbst für die Singenden meist unverständlich ist. Wenn das Wurzelmaterial fein zerkaut und genügend eingespeichelt ist, werden die weißen Klumpen in eine große hölzerne Schüssel zurückgegeben. Man gießt etwas Wasser oder Kokosmilch hinzu, knetet das Ganze solange, bis die richtige Konsistenz erreicht ist und säubert das Getränk von Wurzel-Rückständen, indem man diese mit einem Bastbündel aus der Flüssigkeit fischt und das Ganze wieder ausdrückt. Die zurückbleibende Flüssigkeit hat nun die Farbe von Milchkaffee. Man füllt sie in Tassen aus Bananenblättern oder Kokosschalen und reicht sie in einer feierlichen Handlung den Teilnehmern des Festes.

Welche Bedeutung das Kauen und der damit verbundene Speichelzusatz auf die Wirksamkeit der Droge haben soll, ist nicht ganz klar. Man vermutete zunächst, daß die Rausch-erzeugenden Stoffe in der Droge möglicherweise in einer unwirksamen Vorstufe vorliegen und durch den Speichel fermentativ in Freiheit gesetzt werden. Da aber nach unserem bisherigen Wissen in der Wurzel keine Glykoside vorkommen, die durch das Speichelferment gespalten werden könnten, muß die immer wieder beschriebene stärkere Wirkung der gekauten Wurzeln gegenüber den bloßen Wasserauszügen eine andere Ursache haben. Man könnte sich z. B. vorstellen, daß die Droge durch den Kauprozeß erst richtig aufgeschlossen und die Kawa-Wirkstoffe durch den Speichel in eine besser lösliche Form gebracht werden. In einem solchen Fall käme dem Speichel die Rolle eines Emulgators zu, der die praktisch wasserunlöslichen Wirkstoffe im Wasser so fein verteilt, daß sie besser und schneller vom Magen und Darm her aufgenommen werden können.

Weshalb aber erfreut sich der Kawa-Trank bei den Eingeborenen so großer Beliebtheit? Wenn er in mäßigen Mengen genossen wird, übt er eine entspannende, schmerzlindernde und leicht euphorisierende Wirkung aus, wie sie in dieser Form keine der bisher bekannten Rauschgiftdrogen besitzt. Der Kawa-Trank beseitigt Spannungs- und Angstzustände und gibt auch dem körperlich Erschöpften einen ruhigen und erholsamen Schlaf. Er besitzt also ähnlich dem Opium einen beruhigenden Effekt. Es ist daher nicht verwunderlich, daß die Kawa-Zeremonien im Gegensatz zu den oft wilden Rauschgift-Orgien Mittel- und Süd-Amerikas in völliger Ruhe ablaufen. Bevor aber der Kawa-Trinker in seinen Schlaf fällt, stellt sich bei ihm ein Gefühl der Kräftigung, Frische und Leistungsfähigkeit ein. Der Appetit wird angeregt und es kommt vorübergehend zu einer ausgesprochenen Euphorie. Halluzinationen oder Visionen sind in diesem Stadium unbekannt. Doch während Bewußtsein und Willensleistung noch voll erhalten bleiben, tritt zunächst eine Muskelerschlaffung ein, die langsam und vor allem nach höherer Dosierung in eine regelrechte Lähmung übergehen kann. Die Kontrolle über die Gliedmaßen wird mitunter so stark vermindert, daß der Berauschte wie nach starkem Alkoholgenuß herumtaumelt, nur mit dem Unterschied, daß sein Geist völlig klar ist. Langsam wird die Müdigkeit so stark, daß sich der Kawa-Trinker zufrieden auf seiner Holzmatte niederläßt und bald in einen mehrstündigen traumlosen Schlaf fällt. Nach dem Erwachen fühlt er sich erfrischt und munter, frei von Katzenjammer oder anderen unangenehmen Nachwirkungen. Hören wir, was in einer Reisebeschreibung von M. Titcomb hierüber zu lesen ist:

„Awa ist gut für den Bauern, wenn er Tag und Nacht geschuftet hat und zerschunden ist. Es ist gut für den Fischer, der getaucht, gerudert, das Paddel geführt hat, den Kopf tief hinabgebeugt oder bis Schenkel und Gesäß wund waren vom Sitzen auf der Kante des Kanus. Er geht an Land, und dann am Abend wird der Kawa-Trank zubereitet. In dem Hause eines solchen Kawa-Trinkers geht es so gemessen und so ruhig zu wie in dem eines Häuptlings. Laute Lustbarkeit, Gerede, Gelächter werden nicht erlaubt, denn man fürchtet, es könne sich sonst einer der Kawa-Trinker erbrechen. Man trinkt, bis man so etwas wie eine Art Ohrensausen merkt, denn das ist das Zeichen, daß man nun genug getrunken hat. Man geht zu Bett, schläft bis zum nächsten Morgen, und Schmerzen und Abgespanntheit sind vergessen."

So gesehen besitzt eigentlich die Kawa-Kawa-Droge wenig typische Eigenschaften einer Rauschgiftdroge. Trotzdem führt wiederholte Aufnahme von Kawa-Kawa zur Sucht und zu körperlichen Schäden. Abmagerung, vermindertes Sehvermögen und Zittern der Hände sind die Folge. Nicht selten wird die Haut schuppig und von leprösen Geschwüren befallen.

Die Suche nach dem Rausch-erzeugenden Prinzip der Kawa-Wurzel begann im Jahre 1860. Sie dauert heute noch an, ja wir müssen gestehen, daß trotz 100jähriger intensiver Forschung der eigentliche Rausch-erzeugende Wirkstoff immer noch nicht gefunden ist. Die in der Zwischenzeit isolierten acht kristallinen Verbindungen aus der Wurzel erklären nur einen Teil der Wirkungen, die nach Einnahme des Kawa-Tranks auftreten. Für das *Dihydromethysticin* und *Dihydrokawain* z. B., die als die beiden Hauptkomponenten des isolierbaren Substanzgemisches anzusehen sind, fand man im Tierversuch eine beruhigende, krampflösende und lokal anästhesierende Wirkung. Besonders deutlich läßt sich die zentral dämpfende Wirkung nachweisen. Verabreicht man nämlich eine dieser beiden Verbindungen an weiße Mäuse und spritzt anschließend ein bekanntes Schlafmittel, so schläft die Maus etwa 10 Stunden länger, als wenn sie nur das Schlafmittel verabreicht bekommen hätte. Diese auffällige Verstärkung einer Arzneimittelwirkung beobachtet man auch bei Schmerzmitteln. Wird z. B. Dihydromethysticin mit dem bekannten Pyramidon kombiniert, so erreicht man Schmerzfreiheit schon mit Pyramidon-Dosen, die weit unter der sonst üblichen Menge liegen. Und da in Reiseberichten auch immer wieder von der antikonzeptionellen Wirkung der Kawa-Droge die Rede war, hat man auch diese nachgeprüft. Aber die Tierversuche brachten nichts, was darauf hingedeutet hätte. Auf der anderen Seite war auffallend, daß gerade die Inseln mit hohem Kawa-Konsum die geringste Bevölkerungsdichte hatten. Wo liegt hier der Zusammenhang?

Vielleicht läßt sich diese unterschiedliche Bevölkerungsdichte mit der stark dämpfenden und beruhigenden Wirkung der Kawadroge erklären. Denn solange die Eingeborenen dem Kawa-Laster frönen, findet nur selten Geschlechtsverkehr statt. Genau dieselbe Nebenwirkung kennen wir ja auch von unseren modernen Tranquillizern. Auch sie dämpfen den Geschlechtstrieb. Kein Wunder also, wenn sich immer mehr Arzneimittelfirmen für den Rauschpfeffer zu interessieren beginnen. Allerdings enthalten Arzneimittel, die heute auf dem Markt sind keinen Gesamtextrakt der Droge, sondern reines Dihydrokawain und Dihydromethysticin.

Die Medizin nützt also nur einen Teil der Kawa-Wirkstoffe und verwandelt damit ein altes Rauschmittel der Südsee-Insulaner in ein harmloses „Seelenberuhigungsmittel“ für den modernen Menschen.

Welche Stoffe der Droge aber die Rauschsymptome hervorrufen, das müssen die Chemiker erst noch herausfinden.

4. Koka-Strauch und Kokain

Keine Rauschgiftpflanze Südamerikas hat unter der einheimischen Bevölkerung eine so große Anhängerschaft gefunden, wie der Koka-Strauch (Abb. 12). Er verdankt dies dem Umstand, daß

Abb. 12. Erythroxylon coca — Koka-Sproß mit Blättern, Blüte und Frucht

seine Blätter drei bekannte Rauschgift-Wirkungen in „idealer" Weise vereinigen. Sie wirken, wenn man sie kaut, stimulierend und leistungssteigernd wie der Kawa-Trank, aber auch euphorisierend ähnlich dem Opium und sie erzeugen Rauschzustände, wie wir sie beim Peyotl-Kaktus Mexikos noch genauer kennenlernen werden. Der mehrere Meter hohe Strauch kommt im tropischen Südamerika und auf den indonesischen Inseln wildwachsend vor. In Kultur wird er kleiner gehalten. Am besten gedeiht der Koka-Strauch in feucht warmem Klima in Gebirgslagen, die 600 bis 1000 m über dem Meeresspiegel liegen (Abb. 13). Wie bei der Haschischpflanze hängt die Bildung des Rauschgiftes von der Temperatur ab. Werden die Pflanzen bei einer gleichmäßigen Tempe-

Abb. 13. Kokapflanzung in den „Yungas" von Coroico (Bolivien). Vorne frisch angelegte, terrassenförmig ansteigende Gräben, in die man die Setzlinge steckt, dahinter älteres „Cocal", rechts davon Bananenpflanzung. Phot. Prof. Dr. CARL TROLL, Bonn

ratur von 20 bis 25° kultiviert, erreicht der Kokaingehalt in den Blättern einen Höchstwert. Man erntet 4mal im Jahr. Der Strauch ist leicht kenntlich an seinen spatelförmigen, merkwürdig zarten Blättern und den fein gebüschelten, leicht gelblichen, 5zähligen Blüten. Ihnen folgen kleine scharlachrote Steinfrüchte. Der botanische Namen *Erythroxylum* (erythros = rot, xylon = Holz) aber stammt von der fleischroten Rinde, die für nahezu alle Arten dieser Familie charakteristisch ist. Von dieser Pflanze existieren verstreut über ganz Südamerika, West-Indien und Madagaskar über 200 verschiedene Arten. Davon werden aber nur 2 Sorten, nämlich *Erythroxylum coca* und *Erythroxylum novogranatense* kultiviert. Im Export unterscheidet man die großen, dunkelgrünen bolivianischen Huanuku-Blätter und die kleineren, schmalen, dünneren, hellgrünen Truxillo-Blätter aus Peru und Kolumbien.

Wie die Mohnkapsel bei den Griechen, so galt das Koka-Blatt bei den Inkas als Symbol für göttliche Kraft. Nach einer Sage soll MANKO KAPAK, der Sohn der Sonne, vor uralten Zeiten von den Bergen am Titicaca-See zu den Menschen herabgestiegen sein, um ihnen das göttliche Kraut zu bringen, damit es den „Betrübten erheitert, den Müden und Erschöpften neue Kräfte verleiht und den Hungrigen sättigt". Wie alte Keramikfunde beweisen, muß das Kokakauen schon sehr früh bekannt gewesen sein. So fand man z. B. in einem alten peruanischen Grabe einen Kokatopf, der die Form eines menschlichen Kopfes aufwies. Die eine Backe war wie bei den Kokakauern durch einen „Kokabissen" angeschwollen (Abb. 14). Die Inkas verwendeten die Droge ausschließlich für

Abb. 14. Schwarze Tonurne aus einem peruanischen Grabe. In dem dargestellten Gesicht ist eine Vorwölbung der rechten Wange zu erkennen, wie sie den Koka-Kauer kennzeichnet, der einen Kokabissen im Munde trägt. Phot. Museum für Völkerkunde, Basel

Kulthandlungen und bestraften diejenigen, die den Koka-Strauch für andere Zwecke anbauten. Nach der Eroberung Peru's durch die Spanier wurde der Anbau und der Gebrauch von Koka zunächst verboten. Ja sogar das kirchliche Konzil von Lima beschäftigte sich mit dem Koka-Kult und ächtete ihn als ein „unnützes, verderbliches, zum Aberglauben verführendes Ding und Blendwerk des Teufels". Aber alle Gesetze waren machtlos. Man sah sehr bald ein, daß man den Gebrauch der Koka-Blätter auf die Dauer nicht verhindern konnte und erlaubte ihn mit der Auflage, daß ein bestimmter Ertrag an den König oder die Priester abgeführt wurde. Heute werden in Bolivien und Peru zusammen etwa 10 000 t Koka-Blätter geerntet, das sind rund 70% der Jahresernte ganz Südamerikas und davon werden 90% von den *Coqueros,* den Koka-Kauern Südamerikas, selbst verbraucht. Der Rest kommt zum Export und wird auf Kokain, den Hauptwirkstoff der Koka-Blätter, verarbeitet.

Wenn der Indio zur Arbeit oder auf Reisen geht, vergißt er nie seinen Beutel mit Koka-Blättern. Der *Chuspa,* wie er genannt wird, ist ihm wichtiger und mehr wert, als jeder andere Reiseproviant. Erlaubt ihm die Arbeit eine kurze Rast, so läßt er sich im Schatten eines Baumes nieder, entfernt von den Blättern Stiel und Blattrippen und kaut die Blätter, bis nur noch ein fasriger Rest übrigbleibt. 10 bis 20 Blätter sind die durchschnittliche Ration für eine Pause. Häufig wird dem Koka-Bissen Pflanzenasche oder gebrannter Kalk zugesetzt. Der Indio trägt diese wichtige Beigabe in einem kleinen Holzgefäß an seinem Gürtel. Der Kalkzusatz dient dazu, das im Blatt fest gebundene Kokain in Freiheit zu setzen. Das ist eine wichtige Voraussetzung, damit die gesamte Kokainmenge im Magen und Darm zur Resorption kommen kann. Wenn man als durchschnittliche Tagesration 20 bis 50 g Koka-Blätter rechnet, kommt der Indio auf eine Tagesration von fast 2,5 g Kokain. Diese Menge reicht aus, um ihn trotz größter Strapazen körperlich fit zu halten. Ja, es wird berichtet, daß Coqueros, wenn sie sich unterwegs befinden, tagelang ohne jede Nahrung und ohne längeren Schlaf auskommen können. Der schwedische Ethnograph ERLAND NORDENSKIÖLD erzählt, daß ein Indio ein 25 bis 30 kg schweres Gepäck 17 Stunden lang im Dauerlauf an der Seite seines trabenden Maulesels durch das Bergland schleppte.

Ursache dieser enormen Leistungssteigerung ist das Kokain, das zu etwa 0,5 bis 1,0% in den Blättern enthalten ist. Es wurde im Jahre 1860 im Laboratorium des berühmten Chemikers WÖHLER in Göttingen von seinem Schüler NIEMANN isoliert. Aber es dauerte noch 38 Jahre, bis die chemische Struktur geklärt werden konnte. Diesmal war es der spätere Nobelpreisträger WILLSTÄTTER, dem wir diese Leistung verdanken. Wieder handelt es sich um ein Alkaloid, aber diesmal war das chemische Grundgerüst nicht das Phenanthren oder Benzylisochinolin, sondern das *Ekgonin.* Ein enger Verwandter des Tropins, von dem sich auch die Alkaloide der Tollkirsche und des Bilsenkrauts ableiten (Abb. 15). Wie die Formelbilder zeigen, besteht der Unterschied zwischen Ekgonin und Tropin nur darin, daß anstelle einer CH_2-Gruppe eine CH – COOH-Gruppierung im Molekül vorliegt. Die Säuregruppe ist im Kokain mit Methylalkohol verknüpft. Die der Säuregruppe benachbarte alkoholische Hydroxyl(– OH –)-gruppe aber ist nicht wie beim Atropin der Tollkirsche mit Tropasäure, sondern mit Benzoesäure verbunden. Der Chemiker spricht das Kokain als *Methylbenzoylekgonin* an. Die Synthese des Kokain gelang im Jahre 1902.

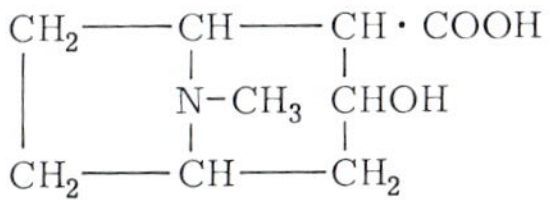

```
CH2 —— CH —— CH · COOH          CH2 —— CH —— CH2
 |       |      |                |       |      |
 |     N-CH3  CHOH               |     N-CH3  CHOH
 |       |      |                |       |      |
CH2 —— CH —— CH2                CH2 —— CH —— CH2

      Ekgonin                          Tropin
```

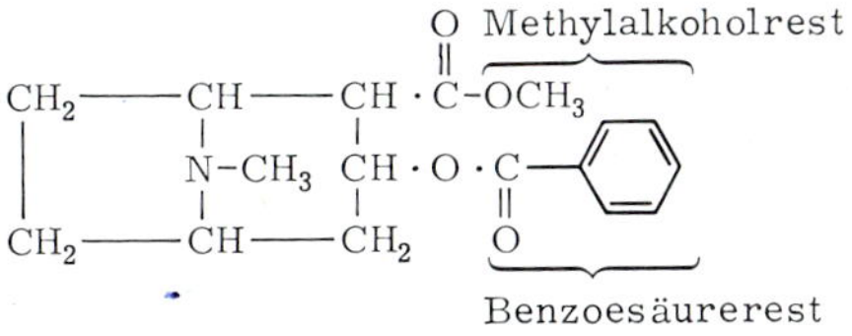

```
                               O  Methylalkoholrest
                               ||
CH2 —— CH —— CH · C-OCH3
 |      |      |
 |    N-CH3   CH · O · C —(C6H5)
 |      |      |         ||
CH2 —— CH —— CH2         O
                          Benzoesäurerest

              Kokain
```

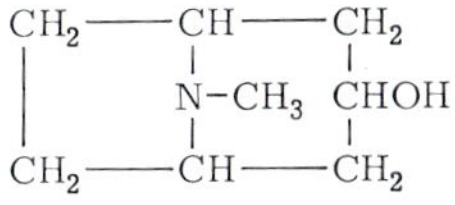

Abb. 15

Nachdem das Kokain in reiner Form zur Verfügung stand, breitete es sich rasch in der zivilisierten Welt aus. Unter dem Decknamen „Koks" oder „weißer Schnee" eroberte es sich schnell die zwielichtigen Nachtlokale der großen Städte. Die einen nehmen es in Wasser, Bier, Wein oder Sekt gelöst oder als Kokain-Konfekt zu sich, wieder andere bevorzugen das Kokain-Schnupfen oder geben eine Prise Kokain in Zigaretten oder den Pfeifentabak. Der Süchtige greift aber meistens zur Kokain-Spritze, weil auf diese Weise das Alkaloid am schnellsten zur Wirkung kommt. Wie der Alkohol hat es in mittleren Dosen zunächst eine erregende Wirkung, da es Hemmungen beseitigt. Ganz im Gegensatz zum beruhigenden Opium kommt es zunächst zu einem gesteigerten Bewegungsdrang, der sich in einer Neigung zum Reden, Schreiben, Musizieren und Tanzen äußert. Den Kokainisten findet man daher immer in Gesellschaft von Menschen. Begleitet sind die Anfangsstadien des Kokain-Rausches von einem erhöhten Glücksgefühl und dem Bewußtsein, zu großen Taten und Leistungen befähigt zu sein. Tatsächlich kommt es, wie Messungen mit den Ergographen gezeigt haben, zu einer etwa 30%igen Steigerung der mittleren Muskelkraft. Von Akrobaten wird z. B. berichtet, daß sie unter der Kokain-Einwirkung Kraftakte und Kunststücke vollführten, die sie im normalen Zustand nicht fertiggebracht hätten. Diese Leistungssteigerung beruht aber nicht allein auf dem muskelsteigernden Effekt, sondern stammt zum großen Teil auch von der enthemmenden Wirkung des Kokains. Der Vorteil dieser Enthemmung ist übrigens auch die Ursache, weshalb der Kokain-Süchtige zum sexuellen Exzeß und zu Perversionen neigt. Vor allem bei denen, die an das Kokain schon gewöhnt sind, stellen sich sehr bald verschiedenartige Gesichtshalluzinationen ein. Fratzenhafte Gestalten wechseln ab mit dem Erscheinen von Fabelwesen. Besonders häufig werden Tiervisionen beobachtet. Ringsherum wimmelt es von Ratten, Schlangen, Eulen, Mäusen, Hunden und Katzen, die sich wild aufeinander stürzen. Der Berauschte fühlt ein unerträgliches Kribbeln auf der Haut, als befände sich ein Heer von kleinen Lebewesen, Flöhen, Spinnen oder „Kokainkristalle“ unter der Haut.

Da das Kokain die Nervenendigungen anästhesiert, also gegen Reize unempfindlich macht, muß es sich bei diesen Erscheinungen um sog. „Mißdeutungen“ handeln.

Diese anästhesierende Eigenschaft des Kokains wurde schon kurz nach Isolierung des Kokains durch NIEMANN entdeckt, aber niemand erkannte damals die Tragweite dieser Beobachtung. Erstmals von dem Wiener Augenarzt CARL KOLLER (1884) wurde sie in der Augenheilkunde praktisch ausgenützt. Da es auf Schleim- und Wundhäute gebracht die sensiblen Nervenendigungen lähmt, ermöglicht es schmerzlose Eingriffe im Auge, an der Nase und im Rachenraum. Aber auch für größere chirurgische Eingriffe fand es bald Verwendung. Der bekannte Arzt CARL LUDWIG SCHLEICH (1894) anästhesierte größere Operationsflächen mit fein versprühter Kokainlösung und der berühmte Berliner Chirurg AUGUST BIER wagte im Jahre 1899 erstmals, schwache Kokainlösungen direkt in den Rückenmarkkanal einzuspritzen, um damit alle Körperteile unterhalb des Nabels für die Operation unempfindlich zu machen. Diese Methode wird auch heute noch als sogenannte „Lumbal-Anästhesie“ vielseitig verwendet.

Auf diesen Nervenlähmungen beruht auch eine andere bekannte Kokain-Wirkung. Dadurch, daß es vorübergehend auch die Magenschleimhaut anästhesiert, schwinden Durst und Hungergefühl. Die chronischen Kokakauer Südamerikas wirken dadurch übermäßig genügsam, kommen aber durch die fortgesetzte Appetitlosigkeit körperlich soweit herunter, daß sie vorzeitig altern und oft an Entkräftung zugrunde gehen. Auf das Kokain-Delirium folgt bei den Kokain-Süchtigen, die sich täglich bis zu 15 g Kokain einverleiben, der Kokain-Wahnsinn. Das Ende der Kokain-Sucht ist infolge einer irreparablen Schädigung der Gehirnzellen die völlige Verblödung. Ein anschauliches Bild vom Elend dieser unglücklichen Süchtigen zeichnet TSCHUDI, wenn er schreibt:

„Alle, die Koka kauen, haben eine höchst unangenehme Ausdünstung, einen übelriechenden Atem, blasse Lippen, grüne stumpfe Zähne und einen ekelhaften schwärzlichen Saum um die Mundwinkel. Man erkennt sie an dem unsicheren Gang, der schlaffen Haut von graugelber Färbung, den hohlen, glanzlosen, von tiefen violettbraunen Kreisen umgebenen Augen, den zitternden Lippen, den unzusammenhängenden Reden und an ihrem stumpfen, apathischen Wesen. Der Charakter ist mißtrauisch, unschlüssig, falsch und heimtückisch. Sie werden Greise, wenn sie kaum in das Alter der vollen Manneskraft treten und erreichen sie das Greisenalter, dann ist Verblödung die unausbleibliche Folge ihrer nicht zu bändigenden Sucht.“

Wenn man von den Koka-Kauern der südamerikanischen Indianer absieht, spielt der *Kokainismus* unter den Sucht-erzeugenden Rauschgiften heute keine allzu große Rolle mehr. Einmal dürfte hieran der hohe Preis des Kokains schuld sein, denn im

Schleichhandel kostet 1 kg Kokainhydrochlorid immerhin noch etwa 3000 DM. Zum anderen haben die neuen Anästhetica, wie z. B. das Novocain, Procain oder Anästhesin, die chemisch völlig anders aufgebaut sind, aber das Kokain in ihrer nervenlähmenden Wirkung um ein mehrfaches übertreffen, dieses gefährliche Rauschgift längst aus den Sprechzimmern der Ärzte und aus den Kliniken verdrängt. Da die neuen Anästhetica außerdem keinerlei Suchterscheinungen auslösen, besteht kein Grund, wieder zum Kokain zurückzukehren.

Während das Kokain in den hochzivilisierten Ländern immer mehr in Vergessenheit gerät, werden wir auf andere Weise fast täglich an dieses Rauschgift erinnert. Geschäftstüchtige Firmen bedienen sich seit langem des zugkräftigen Namens Coca, um für leistungssteigernde und erfrischende Getränke zu werben. Wer denkt nicht bei dem Namen „Coca-Cola" an das Kokain und an seine leistungssteigernde und anregende Wirkung?

Natürlich enthält das *Coca-Cola* kein Kokain. Das wäre ungesetzlich und keine Behörde würde solche Genußmittel erlauben. Man hat daher, um mit dem Gesetz nicht in Konflikt zu kommen, vor der Herstellung des Koka-Extraktes den Kokablättern das Kokain mit organischen Lösungsmitteln entzogen. Was übrig blieb, ist zusammen mit dem Koffein-haltigen Auszug der Cola-Nuß im Coca-Cola enthalten. Es mag sein, daß die Kokain-freien Kokaextrakte durch andere Begleitstoffe Geschmack und Bekömmlichkeit des Getränkes verbessern, aber für die anregende Wirkung des Coca-Cola's ist mit Sicherheit nur das Coffein verantwortlich.

5. Betel

Wie die Kokablätter gehört *Betel* zu den Rauschmitteln, die *gekaut* werden. Dieser Brauch, schon vor mehr als 2000 Jahren bekannt, ist heute an der Ostküste Afrikas, in Indien, in Malaya und auf den polynesischen Inseln noch weit verbreitet. Noch vor dem 2. Weltkrieg schätzte man die Zahl der Betel-kauenden Menschen in diesem Gebiet auf etwa 200 Millionen.

Das besondere am Betel ist seine Zusammensetzung. Bereitet wird der „Betelbissen" nämlich aus zwei Drogen, und zwar aus den Blättern des Betelpfeffers *(Piper betel)* und der Nuß der *Arecapalme*. Das sind zwei Pflanzen, die botanisch nichts miteinander zu tun haben. Piper betel, eine Kletterpflanze, ist ein Verwandter unseres schon bekannten Rauschpfeffers Piper methysticum, der den Kawa-Trank liefert. Die Arecapalme *(Areca catechu)* dagegen ist wie die Kokos- oder Dattelpalme, durch einen 10 bis 15 m hohen Stamm und eine Krone mit typisch gefiederten Blattwedeln gekennzeichnet (Abb. 16). Die Arecapalme gilt als die schönste unter allen Palmenarten. Die Früchte, die sie hervorbringt, sind

Abb. 16. Areca catechu — Betelpflanze mit reifer Frucht (1) und Samen (2)

6 bis 7 cm lang, kegel- bis eiförmig und wie die Kokosfrucht von einer faserigen Hülle umgeben. Befreit man sie davon, erhält man die Areca- oder Betelnüsse. Wir nehmen heute an, daß die Hauptwirkung des Betels von der Arecanuß stammt; denn nur aus ihr sind bisher pharmakologisch aktive Substanzen isoliert worden. Allerdings wäre bei der botanischen Verwandtschaft des Betelpfeffers mit dem Rauschpfeffer denkbar, daß auch er Rauscherzeugende Wirkstoffe enthielte, die sich bisher nur noch dem Nach-

weis entzogen haben. Bis heute haben Tierversuche nur gezeigt, daß das ätherische Öl des Betelpfeffers eine erregende Wirkung und einen Zustand von Benommenheit hervorruft. Daß es an der Rauschwirkung des Betels beteiligt ist, ist noch nicht erwiesen.

Die Zubereitung des Betelpfriems geschieht einfacher als beim Kawa-Trunk. Man legt zwei frische Betelblätter (Sirihblätter) übereinander auf die linke Hand, entfernt die Spitzen und bestreicht das obere Blatt mit etwas Kalkbrei. Nun zerschneidet man eine Arecanuß mit einem Pinang-Knacker in kleine Stückchen, legt davon ein etwa 1 cm großes Stückchen zusammen mit etwas Gambir [1] oder Catechu [2] dazu und wickelt das Gemisch kunstgerecht in die Blätter ein. Nachdem die Lippen mit etwas Salbe eingefettet wurden, beginnt der Kauvorgang. Die Eingeborenen kauen solange, bis nur noch geringe faserige Reste übrig sind. Dazwischen spucken sie regelmäßig aus, denn das Betelkauen regt die Speicheldrüsen zu enormer Tätigkeit an. Besonders eindrucksvoll kann man diese Wirkung beim Pferd beobachten. Spritzt man dem Tier das Hauptalkaloid der Areca-Nuß, das Arecolin, unter die Haut, so kommt es schnell zu einer starken Speichelbildung. Dadurch aber, daß das Pferd den produzierten Speichel lange zurückhält, tritt die Entleerung sturzartig ein. Riesige Mengen von Speichel fließen dann auf einmal aus dem Maul. Eine zweite Nebenwirkung des Kauens ist noch viel unangenehmer. Lippen und Zahnfleisch schwellen an und verfärben sich tiefschwarz. Die Zähne werden durch den fortgesetzten Betelgenuß zerstört und lockern sich. Kalk setzt sich als Zahnstein fest und fördert den Zerfall. Was aber bei uns nur abstoßend und unästhetisch wirkt, stört die Eingeborenen nicht im geringsten. Im Gegenteil. Bei den Eingeborenen gelten sogar zerstörte Zähne als Zeichen des vornehmen Mannes, denn es gehört viel Reichtum dazu, so viel Betel zu kauen, daß sich Zahnstein in so großer Menge abscheiden kann.

Die Anfangswirkung des Betels erinnert an eine leichte Nicotinvergiftung: Unwohlsein, Schwindel, Brechreiz. Ist man schon an den Betelgenuß gewöhnt, beobachtet man sehr bald Ähnliches wie

---

[1] Gambir = Gerbstoff-haltige Paste aus den Zweigen und Blättern von Nucaria gambir.

[2] Catechu = Gerbstoff-haltige Paste aus dem Kernholz von Acacia catechu.

beim Kawa-Kawa-Trank, ein ausgesprochenes Wohlbefinden und Angeregtheit mit dem gleichzeitigen Gefühl wohliger Entspanntheit. Das Bewußtsein bleibt voll erhalten. Vermutlich sind es diese Wirkungen, weshalb das Betelkauen mit so großer Leidenschaft betrieben wird. Hinzu kommt noch, daß das Betelkauen ähnlich dem Kokakauen Hunger- und Durstgefühl unterdrückt und auch die Verdauung fördert. Man hat in der Zwischenzeit längst gelernt, die Wirkung des Betels aus den basischen Inhaltsstoffen der Arecanuß zu verstehen. Vier Alkaloide ließen sich bis jetzt aus der Droge isolieren: *Arecolin, Arecaidin, Guvacin* und *Guvacolin* (Abb. 17). Von diesen macht das ölige und mit Wasserdampf flüchtige Arecolin mehr als die Hälfte der gesamten Alkaloidmenge aus. Wie aber kürzlich Prof. NIESCHULZ bei Mäuseversuchen gefunden hat, dürfte nicht dieses Hauptalkaloid für die Betelwirkung verantwortlich sein, wie man lange geglaubt hat, sondern das Nebenalkaloid Arecaidin. Ein Blick auf die beiden Strukturformeln (Abb. 17)

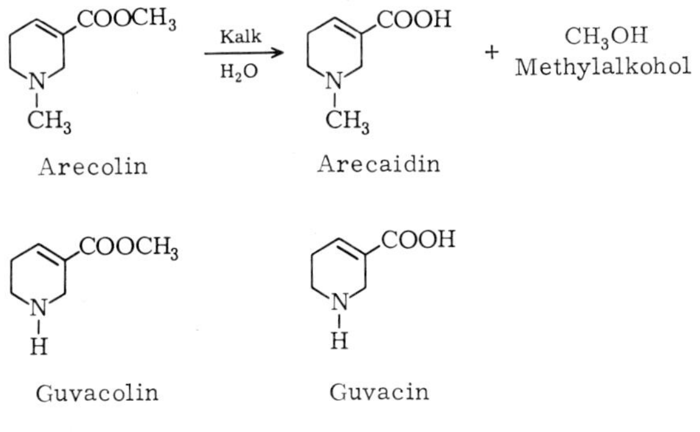

$COOCH_3$ / N / CH_3 — Arecolin $\xrightarrow[H_2O]{Kalk}$ $COOH$ / N / CH_3 — Arecaidin + CH_3OH Methylalkohol

$COOCH_3$ / N / H — Guvacolin

$COOH$ / N / H — Guvacin

Abb. 17. Alkaloide der Areca-Nuß

zeigt, daß zwischen dem Arecaidin und Arecolin nur ein kleiner Unterschied besteht. Im Arecolin (N-Methyl-1,2,5,6-tetrahydronicotinsäure) ist die Säuregruppe (–COOH) mit Methylalkohol abgedeckt, im Arecaidin liegt sie frei vor. Wie ist es aber möglich, daß Acrecaidin, das in so geringer Menge in der Droge vorkommt, das Wirkprinzip der Betelnuß sein soll? Die Erklärung ist einfach. Da immer Kalk dem Betelpfriem beigemengt wird und

Kalk im Wasser basische Eigenschaften entwickelt, wird das Arecolin beim Kauprozeß zum größten Teil in Arecaidin umgewandelt. Erst dieses Arecaidin erklärt die typische Betelwirkung. Während nämlich das relativ giftige Arecolin als typisches, den Vagusnerv erregendes Alkaloid bekannt ist, das die Sekretion von Tränen-, Schweiß-, Magen-, Darm- und Bronchialdrüsen fördert und allgemeine beruhigende Eigenschaften entfaltet, ist beim Arecaidin diese Wirkung nur schwach ausgeprägt. Dafür treten bei diesem die stimulierenden Eigenschaften stark in den Vordergrund. Diese Stimulierung bezieht sich auch auf Lernvorgänge. So beobachtete man bei einfachen Lernversuchen mit Mäusen, daß die Aufmerksamkeit stark erhöht wird. Interessant ist in diesem Zusammenhang, daß das Arecolin, soweit es nicht während des Kauvorganges gespalten wurde, noch in der Leber durch körpereigene Fermente restlos zu Arecaidin abgebaut werden kann. Wieder setzt uns in Erstaunen, wie die Eingeborenen rein empirisch eine einfache Methode gefunden haben, um einen natürlichen Giftstoff in ein relativ harmloses und gut verträgliches Euphoricum umzuwandeln. Auch verstehen wir jetzt, wie sehr es von der Zubereitungsart des Betelpfriems und der Kaudauer abhängt, welche Betelwirkung zum Vorschein kommt. Der deutlich euphorische Charakter des Betels aber dürfte wieder der Grund sein, weshalb andauerndes Betelkauen zur Sucht führt und ein schwerer Betelhunger entsteht, wenn das Betelkauen abgebrochen wird.

V. Nachtschattengewächse, Solanaceen-Drogen (Alraune, Stechapfel, Bilsenkraut, Tollkirsche)

Als die Spanier im Jahre 1584 aus Chile und Peru die Kartoffelpflanze nach Europa brachten, vergingen 200 Jahre, bis man sich getraute, die Kartoffel zu essen. Ähnliche Schwierigkeiten hatte die Tomate, sich bei uns als Nahrungsmittel einzubürgern. Man konnte sich einfach nicht vorstellen, daß eine Pflanzenfamilie, die so viele unheimliche Verwandte hatte, etwas Eßbares und Ungefährliches hervorbringen konnte. Zu diesen unheimlichen Verwandten zählte man damals die *Tollkirsche* (Atropa belladonna), das *Bilsenkraut* (Hyoscyamus niger), den *Stechapfel* (Datura stramonium) und die sagenumwobene *Alraune* (Mandragora officinalis). Alle waren sie als Giftpflanzen bekannt. Niemand wundert es daher, daß man auch gegenüber der Kartoffel mißtrauisch war. Tatsächlich ist die Kartoffel auch das einzige, was an dieser Pflanze genießbar ist. Alles andere, das Kraut, die Blüten und die Früchte enthalten gefährliche Giftstoffe. Deshalb ist das Kartoffelkraut als Viehfutter ungeeignet und wird verbrannt.

Als Rauschgiftdrogen spielen die Nachtschattengewächse heute nur noch bei einigen Eingeborenen-Stämmen Südamerikas, Afrikas und Australiens eine größere Rolle. In den zivilisierten Ländern haben sie längst ihren Schrecken verloren und einen festen Platz im Arzneischatz gefunden. In entsprechender Dosierung werden Auszüge oder die heute zugänglichen reinen Wirkstoffe aus diesen Drogen zur Beruhigung oder als krampflösende Mittel verwendet. Diese Verwendungsart war im Mittelalter noch wenig bekannt. Um so größer aber war ihr Anteil an dem damals in Europa weit verbreiteten Hexenkult. Einige Historiker sind sogar der Meinung, daß das gesamte Hexenunwesen auf diese Drogen zurückzuführen ist. Das ist ohne weiteres glaubhaft; denn alle eben genannten Giftdrogen führen in hohen Dosen zu einer Bewußtseinstrübung, in der sich die Versuchspersonen in Tiere verwandelt fühlen, „durch die Lüfte fliegen“ und an nächtlichen Orgien teilnehmen. Das sind die gleichen Rauscherlebnisse, die wir in vielen überlieferten Hexengeständnissen wiederfinden. Auch als Mordgifte haben sie da und dort eine Rolle gespielt. So erhielt z. B. das Bilsenkraut den Beinamen „Altsitzerkraut“, weil man es gelegentlich auf dem Lande dazu verwandte, um unnütz herumsitzende alte Leute ins Jenseits zu befördern. Nur gesunde Naturen überstanden solche „Roßkuren“.

Die berühmteste Zauberpflanze des Altertums und Mittelalters war zweifellos die *Alraune*. Ihre Urheimat ist das heutige Palästina. Von hier aus gelangte sie nach Ägypten, Griechenland und wohl auch in die nördlicheren Länder. Wer sie aber bei uns noch zu finden hofft, wird wenig Glück haben; denn nach einem kurzen Aufenthalt ist sie wieder aus unseren Breiten verschwunden. Ganz vereinzelt trifft man sie in der Schweiz noch an.

Woran erkennt man die Alraune? Am leichtesten an den gelblichen Beeren, die so groß wie kleine Äpfel sind und an langen

Stielen aus der Blattrosette hervorschauen (Abb. 18). Im übrigen sieht die Pflanze unserer Futterrübe sehr ähnlich: sie besitzt eine dichte Blattrosette mit breiten fleischigen Blättern, die auf der Oberseite wie eine Krokodilshaut gerippt sind und eine kräftige spindelförmige Wurzel (Abb. 19), die oben und unten in Seitenwurzeln gespalten ist. Diese Wurzel war von Anfang an der be-

Abb. 18. Mandragora officinalis — Alraune mit Frucht

gehrte und wichtigste Teil der Pflanze. Das Ausgraben dieser Wurzel war aber mit „großen Gefahren" verbunden, ja es konnte den Tod bringen, wenn man nicht alle Vorschriften genau beachtete. Nach THEOPHRAST mußte man die Pflanze dreimal mit einem Schwert umschreiten, dabei das Gesicht nach Sonnenuntergang wenden und ein Gehilfe mußte im Kreise herumtanzen und Liebeslieder singen. Noch genauer beschreibt der jüdische Geschichtsschreiber FLAVIUS JOSEPHUS (geb. 37 n. Chr.) die Ausgrabungszeremonie:

„das Tal, welches die Stadt Machärus auf der Nordseite einschließt, heißt Baara und erzeugt eine wunderbare Wurzel. Sie ist flammend rot und wirft des Abends rote Strahlen aus; sie auszureißen ist sehr schwer, denn sie entzieht sich dem Nahenden; bei jeder Berührung ist der Tod gewiß. Doch bekommt man sie auf andere Weise, und zwar so: Man umgräbt sie rings so, daß nur noch ein kleiner Rest der Wurzel unsichtbar ist; dann bindet man einen Hund daran, und wenn dieser dem Anbinder schnell folgen will, so reißt er die Wurzel aus, stirbt aber auf der Stelle als ein stellvertretendes Opfer dessen, der die Pflanze begehrt."

Hatte man die Wurzel einmal in Händen, bestand keine Gefahr mehr und man konnte sie direkt zur Bereitung eines Auszuges verwenden. Interessanterweise diente die Wurzel auch noch anderen Zwecken. Man verkaufte sie als Amulett und Talisman. Dazu war

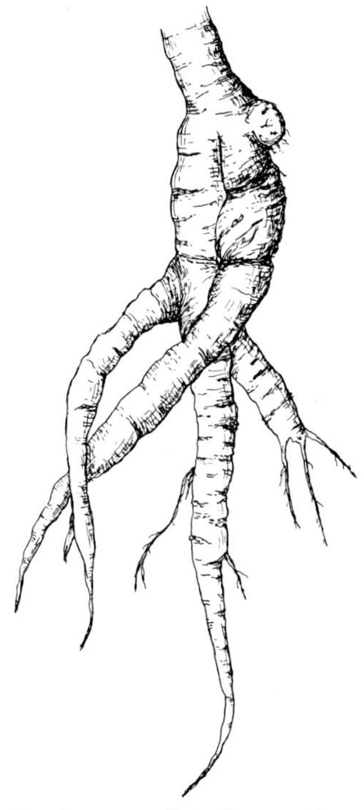

Abb. 19. Mandragora officinalis — Alraune-Wurzel

sie wie keine andere Solanaceenwurzel geschaffen. Nicht nur wegen ihrer überaus großen Giftigkeit, sondern weil man in ihrer bizarren Form mit etwas Phantasie eine menschliche Gestalt zu erkennen glaubte (Abb. 20). Wo die Form zu sehr davon abwich, half man mit dem Schnitzmesser nach. Welche Gestalten man dabei mitunter hervorzauberte, zeigen uns die aus dieser Zeit erhaltenen „Alraunemännchen" (Abb. 21). Aber nur solche „Männchen" brachten Glück, die vom Besitzer sorgsam gepflegt wurden. Der „Alraun" erhielt ein Mäntelchen aus Samt und Seide, er mußte in einem kleinen

„Särglein“ aufbewahrt werden, von jeder Speise zu essen bekommen und regelmäßig jeden Freitag in Rotwein gebadet werden. Vergaß man das, fing er an zu schreien und konnte sehr ungemütlich werden.

Schon lange, bevor dieser Alraunekult seinen Höhepunkt erreichte, wurde die narkotische Wirkung der Alraune vielseitig ausgenutzt. Bereits 100 Jahre v. Chr. benutzten die alexandrischen Ärzte einen mit Wein hergestellten Auszug der Wurzel, um Kranke einzuschläfern. Auch der *Lethe-Trank* der alten Griechen dürfte Alraunewirkstoffe enthalten haben. Ihm wurde nachgerühmt, daß er Kummer und Sorgen vergessen läßt. Tatsächlich hat man bei der späteren wissenschaftlichen Nachprüfung dieser An-

Abb. 20. Allegorische Darstellung der Alraune mit Wurzel

gaben beobachtet, daß es bei Versuchspersonen zu einem zeitweiligen Erinnerungsverlust kam, wenn hohe Dosen dieser Alraunewirkstoffe verabreicht wurden. Auch die Früchte der Alraune spielten eine erhebliche Rolle. Als Symbol für ewige Liebe und Fruchtbarkeit finden wir sie mehrfach auf den Grabwänden der Pharaonen dargestellt. Als „Dudaims“ (Liebesäpfel) begegnen sie uns wieder in der Bibel (Mos. I, Kap. 30, 14—17) und in dem Werk „De Medicina“ III, 18 von CELSUS, einem Zeitgenossen TIBERIUS, werden die Früchte als Schlafmittel empfohlen.

Interessant ist der erfolgreiche Einsatz der Alraune in der Kriegführung. Als z. B. der karthagische Feldherr MAHARBAL gegen ein trunksüchtiges Afrikanervolk eine Strafexpedition zu führen hatte, zog er sich zum Schein zurück und hinterließ ein Weinlager,

Abb. 21. Alraune-Männchen mit zwei Kindern im Arm

das mit Alrauneauszügen präpariert war. Die Gegner machten sich alsbald über den Wein her und wurden davon derart berauscht und unzurechnungsfähig, daß sie im Gegenangriff mit Leichtigkeit überwältigt werden konnten. Wahrscheinlich war dies die erste Anwendung eines Rauschgiftes als *Psychokampfstoff*.

Wie wir heute wissen, ist die Wirkung der Alraune in erster Linie auf das Alkaloid *Scopolamin* (Abb. 22) zurückzuführen. Es stellt neben dem Hyoscyamin bzw. Atropin das wichtigste Alkaloid

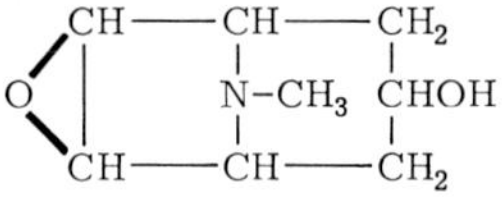

```
  CH——CH——CH2          CH2——CH——CH2
 /|    |    |           |     |    |
O |   N-CH3 CHOH        |    N-CH3 CHOH
 \|    |    |           |     |    |
  CH——CH——CH2          CH2——CH——CH2

     Scopin                  Tropin

  CH——CH——CH2          CH2——CH——CH2
 /|    |    |           |     |    |
O |   N-CH3 CHOR        |    N-CH3 CHOR
 \|    |    |           |     |    |
  CH——CH——CH2          CH2——CH——CH2

   Scopolamin          Hyoscyamin/Atropin

         O  CH2OH
         ||  |
   R = —C—C—C6H5
             |
             H
```

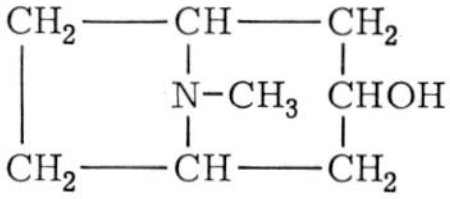

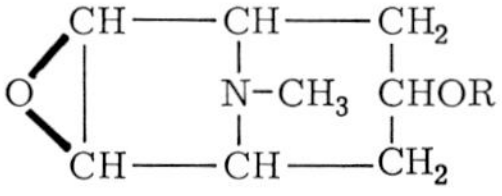

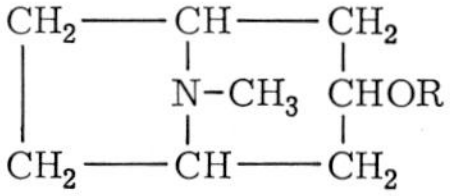

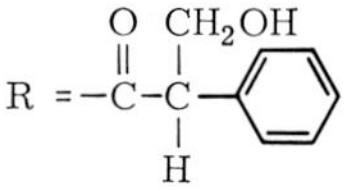

Tropasäure

(α-Hydroxymethyl-phenylessigsäure)

Abb. 22.

der Alraune dar. Chemisch kann man es sich wie das schon früher beschriebene Kokain vom Tropin-Gerüst abgeleitet denken. Es ist mit seiner alkoholischen OH-Gruppe mit der Tropasäure verestert. Einziger Unterschied zum Atropin und Hyoscyamin ist der, daß im Molekül zwei Wasserstoffatome fehlen und dafür ein Sauerstoff mehr vorhanden ist. Dieser Sauerstoff bildet ein dreigliedriges Ringsystem und verwandelt damit das Tropin- in das *Scopin*-Gerüst. Genau genommen leitet sich also das Scopolamin nicht vom Tropin, sondern vom Scopin ab. Auf die Wirkung des Scopolamins werden wir etwas später noch ausführlich zurückkommen.

Unter den giftigen Pflanzen der Solanaceen-Familie kommt der *Stechapfel* (Datura stramonium) (Abb. 23) in seinen Inhaltsstoffen der Alraune am nächsten. In seinem Aussehen besteht aber keine Ähnlichkeit. Die Datura-Arten, die bei uns wachsen, sind Sträucher und Stauden von 1 bis 2 m Höhe. Richtige Datura-Bäume gibt es nur in den Tropenwäldern Südamerikas. Die Datura-Pflanze hat zwei botanische Merkmale, an denen man sie leicht erkennt; die Blüten und die Früchte. Die Blüten sind weiß oder gelb und erinnern in ihrem Aussehen an die alten Grammophontrichter. Sie heißen „Engelsposaunen". Voll entfaltet werden sie oft bis zu 40 cm lang und überragen dabei die Blätter um mehr als das Doppelte. Bei einigen Arten stehen die Blüten seitlich nach außen, bei anderen, wie z. B. bei *Datura arborea* hängen sie wie kunstvoll verzierte Laternen nach unten und wieder andere recken ihre Blüten wie weiße Glühbirnen nach oben. Auch die Früchte

Abb. 23. Datura stramonium — Stechapfel mit Blüte und Frucht

sind auffällig, aber bei den europäischen und tropischen Formen sehr verschieden. Unsere einheimische Daturapflanze bildet Kapseln, die mit spitzen Stacheln bewehrt sind. In der Größe kleiner als die Kastanienfrucht, sehen sie aus wie kleine grüne Igel. Die meisten tropischen Datura-Arten tragen dagegen den Namen Stechapfel zu Unrecht; denn ihre Früchte besitzen kürbis-ähnliches

Aussehen und haben keine Stacheln. Wie wenige Nachtschattengewächse ist die Daturapflanze mit vielen hunderten von Arten über die ganze Erde verbreitet. Und da sie alle Alkaloide enthalten, kann man praktisch aus allen berauschende Getränke gewinnen. Während z. B. die afrikanischen Neger die Blätter von Datura festuosa rauchen, bereiten die Eingeborenen Perus und Columbiens ihren *Tonga*-Trank aus *Datura sanguinea, D. arborea* oder der kürzlich neu entdeckten *Datura vulcanicula.* In Mexiko sind es vor allem die Blätter von *Datura tatula,* die gewohnheitsmäßig geraucht und gekaut werden; in Nordamerika dienen *Datura meteloides* und *D. innoxa* zur Herstellung Rausch-erzeugender Getränke. Auch in China und Indien werden trotz des starken Opiumkonsums Datura-Blätter hin und wieder als Rauschmittel benutzt. In China ist *Datura ferox,* in Indien *Datura metel* die begehrte Stammpflanze. In Europa und Deutschland schließlich dürften es in der Hauptsache die Blätter der Datura stramonium-Pflanze gewesen sein, die von den Hexen zur Herstellung von Liebes- und Zaubertränken verwendet wurden.

Wie die Tabakpflanze, die ja auch zur Nachtschattenfamilie gehört, hat man den Stechapfel schon früh in Kultur genommen, wahrscheinlich um Pflanzen mit einem möglichst gleichbleibenden Wirkstoffgehalt zu erhalten. Interessanterweise findet man daher Pflanzen heute immer nur in der Nähe menschlicher Ansiedlungen oder dort, wo solche in der Frühzeit bestanden haben. Wildwachsend trifft man sie nicht mehr an. Diese Tatsache erklärt auch, weshalb in der Literatur ein und dieselbe Art oft unter verschiedenen botanischen Namen beschrieben wird. Man kann daher heute nur noch Vermutungen anstellen, welche Arten in früheren Zeiten bei den einzelnen Völkern zur Bereitung ihrer Rauschgetränke im Gebrauch waren.

Im Gegensatz zur Alraune, die ihre Alkaloide in Wurzeln und Früchten produziert, ist bei Datura-Arten das Blatt der Hauptbildungsort der wirksamen Alkaloide. Es ist daher kein Zufall, daß früher in erster Linie das Kraut und nur selten die Samen und Wurzeln des Stechapfels verwendet wurden. Die einzigen medizinischen Präparate, die heute noch Stechapfelblätter in fein geschnittener Form oder als Extrakte enthalten, sind die Asthmazigaretten und verschiedene Räucherpulver. Von diesen führt heute die Apotheke noch ein gutes Dutzend Sorten. Wenn man aber von dieser schon früher bekannten Anwendung absieht, diente das Stechapfelkraut im Mittelalter nur zur Bereitung von Hexen- und Liebestränken. Die altindischen Priester nahmen vor jeder zeremoniellen Handlung einen Stechapfeltrank zu sich und in Mexiko wurde der *Toloachi-Tee* von den Medizinmännern benutzt, um Krankheiten zu diagnostizieren und die Zukunft vorherzusagen. Dazu kam im Mittelalter das Heer von „Hexen", die mit Hilfe dieses Rauschgiftes „unerlaubte" sexuelle Freuden genossen und diese Freuden mit Marter und Tod bezahlen mußten.

Wir wollen auch an dieser Stelle dem Kapitel über die Wirkung der Solanaceenalkaloide nicht vorgreifen. Hören wir aber, was uns Tschudi in seinen Reiseskizzen über den Tonga-Rausch berichtet:

„Bald nach dem Genuß der Tonga verfiel der Mann — ein Indianer — in ein dumpfes Hinbrüten. Sein Blick stierte glanzlos auf die Erde, sein Mund war fast krampfhaft geschlossen, die Nasenflügel weit aufgesperrt. Kalter Schweiß bedeckte die Stirn und das erdfahle Gesicht; am Hals schwollen die Jugularvenen fingerdick an. Langsam und keuchend hob sich die Brust; starr hingen die Arme am Körper herunter. Dann feuchteten sich die Augen und füllten sich mit großen Tränen. Die Lippen zuckten flüchtig und krampfhaft; die Karotiden (Arterien am Hals) klopften sichtbar. Die Atmung beschleunigte sich und die Extremitäten machten wiederholt automatische Bewegungen. Eine Viertelstunde mochte dieser Zustand gedauert haben, als alle diese Erscheinungen an Intensität zunahmen. Die nun trockenen, stark geröteten Augen rollten wild in ihren Höhlen. Die Gesichtsmuskeln waren auf das scheußlichste verzerrt. Zwischen den halb geöffneten Lippen trat ein dicker weißer Schaum hervor. Die Pulse an Stirn und Hals schlugen mit furchtbarer Schnelligkeit. Der Atem war kurz, außerordentlich beschleunigt, und vermochte die Brust nicht mehr zu heben, an der nur noch ein leichtes Vibrieren bemerkbar war. Ein reichlicher, klebriger Schweiß bedeckte den Körper, der fortwährend von den fürchterlichsten Krämpfen geschüttelt wurde. Die Gliedmaßen waren auf das gräßlichste verdreht. Ein leises unverständliches Murmeln wechselte mit gellendem, herzzerreißendem Geschrei, einem dumpfen Heulen oder einem tiefen Ächzen oder Stöhnen. Lange dauerte dieser furchtbare Zustand, bis sich allmählich die Heftigkeit dieser Erscheinungen milderte und Ruhe eintrat. Sogleich eilten Weiber herbei, wuschen den Indianer am ganzen Leibe mit kaltem Wasser und legten ihn bequem auf einige Schaffelle. Es folgte ein ruhiger Schlaf, der mehrere Stunden dauerte. Am Abend sah ich den Mann wieder, als er gerade im Kreise aufmerksamer Zuhörer seine Visionen und seine Gespräche mit den Geistern seiner Ahnen erzählte. Er schien sehr angegriffen und abgemattet zu sein. Seine Augen waren gläsern, der Körper schlaff und die Bewegungen träge."

Interessant ist im Anschluß daran auch der Bericht eines römischen Geschichtsschreibers. Dieser legt weniger Wert auf Einzelheiten, es ist auch nicht klar, ob der Begebenheit, von der berichtet wird, eine Stechapfel- oder Alraunevergiftung zugrunde liegt, aber sie enthält einige weitere typische Symptome einer Scopolaminvergiftung. Als die Truppen des ANTONIUS in Kleinasien gegen die Parther kämpften und den Rückzug antreten mußten, wurde die Versorgung des Heeres mit Lebensmitteln immer schwieriger. Die Soldaten verspeisten daher alles an Kräutern und Wurzeln, was sie längs des Rückzugweges finden konnten. Unglücklicherweise war ein Kraut darunter, das eigenartige Zustände hervorrief. „Wer etwas davon gegessen hatte, vergaß alles, was er bisher getan und erkannte nichts." Ein Soldat warf in dem berauschten Zustand jeden Feldstein um, den er sah und sogleich begannen Hunderte von anderen Vergifteten das gleiche nachzuahmen. Nach kurzer Zeit waren alle Steine auf dem Feld umgekehrt. Diese unbeabsichtigte Berauschung soll zahlreiche Todesopfer gefordert haben. Als die Überlebenden aber aus ihrem Rausch erwachten, hatten sie alle im Rausch begangene Handlungen völlig vergessen. Sinnloser Nachahmungstrieb und zeitweiliger Erinnerungsverlust sind demnach weitere charakteristische Merkmale einer starken Scopolaminvergiftung.

Verschieden davon sind die Rauschsymptome, die nach Genuß von *Bilsenkraut* und *Tollkirsche* auftreten. Vergiftungen mit beiden Drogen lösen anfangs eine starke Erregung aus und führen erst später zu der bekannten hypnotischen Wirkung des Scopolamins. Woher dieser Unterschied? Wir wissen heute, daß Bilsenkraut und Tollkirsche nur wenig Scopolamin enthalten, dafür aber um so mehr *l-Hyoscyamin* bzw. *Atropin.* Allein 70% der gesamten Alkaloide dieser Pflanzen bestehen aus Hyoscyamin bzw. Atropin. Wir müssen daher annehmen, daß diese beiden Alkaloide für die erregende Wirkung der Bilsenkraut- und Tollkirschenauszüge verantwortlich sind. Chemisch sind es Tropinabkömmlinge, wie das Scopolamin. Die alkoholische Gruppe des Tropins ist wieder mit Tropasäure verknüpft. Aber es fehlt der Sauerstoff-haltige Ring (Abb. 22). Worin sich Hyoscyamin und Atropin unterscheiden, kann man formelmäßig nicht ausdrücken. Um das zu sehen, muß man beide Alkaloide in Chloroform auflösen und in den polarisierten Strahlengang eines Polarimeters bringen. Ohne daß wir hier auf die physikalisch-chemischen Ursachen näher eingehen wollen, beobachten wir, daß das in der Pflanze vorkommende Hyoscyamin das polarisierte Licht stark nach links dreht, während das Atropin den Lichtstrahl unverändert läßt. Man sagt, das Hyoscyamin ist optisch aktiv und linksdrehend. Ein kleines l (lat. *l*aevo = links) oder auch ein Minus-Zeichen vor dem Hyoscyamin drückt das aus. Das Atropin dagegen erscheint optisch inaktiv. In Wirklichkeit liegt nämlich im Atropin ein Gemisch aus gleichen Molekülmengen einer links und rechts drehenden Form von Hyoscyamin vor. Da beide Formen den Lichtstrahl gleich stark drehen, nur in umgekehrter Richtung, heben sich beide Drehwerte gegenseitig auf. Man bezeichnet solche Verbindungen als Racemate und kennzeichnet diese mit den Kleinbuchstaben dl (d von dextro = rechts) oder mit einem +- und --Zeichen vor dem Wort. Atropin ist also die racemische Form des Hyoscyamins oder das dl-Hyoscyamin. Weshalb diese Erscheinung für unsere Betrachtungen so interessant ist, hat aber einen ganz anderen Grund. Prüft man beide Alkaloide am Tier auf ihre Wirksamkeit, dann findet man, daß das l-Hyoscyamin doppelt so stark wirksam ist wie das dl-Hyoscyamin (Atropin). Wir haben hier ein sehr schönes Beispiel dafür, daß schon geringfügige Änderungen in der geometrischen Struktur eines Moleküls zu einem teilweisen Verlust an pharmakologischer Wirkung führen können.

Wie ist das Mengenverhältnis von l-Hyoscyamin zu Atropin in den Blättern des Bilsenkrautes und der Tollkirsche? In den frisch gesammelten Blättern liegt praktisch nur linksdrehendes Hyoscyamin vor. Beim Trocknen der Blätter, bei der normalen Heiß-Extraktion der Droge oder beim Erhitzen eines Auszuges entsteht aber bereits Atropin. Die Wirksamkeit ist also bei schonend hergestellten Extrakten aus frisch geernteten Blättern am höchsten.

Wer das *Bilsenkraut* zu Gesicht bekommen will, muß Schutthalden, ungepflegte Friedhöfe, verlassene Bahndämme, Wegränder und zerfallenes Mauerwerk aufmerksam absuchen. So wie die Umgebung ist auch sein Aussehen: düster und unheimlich. Schmutziggelbe unappetitliche Blüten mit einem violettschwarzem Grund, zottig behaarte klebrige Blätter (Abb. 24) und eine widerliche „Ausdünstung". Grund genug, sich vor dieser Pflanze zu fürchten.

Der botanische Name für die bei uns vorkommende Bilsenkrautart ist *Hyoscyamus niger*. Das Wort Hyoscyamus kommt von dem griechischen Wort „hyoskyämes“ und heißt soviel wie „Schweinsbohne“. Ob diese Bezeichnung etwas mit der Hexe Kirke zu tun hat, die mit einem Zaubertrank aus Bilsenkraut die Gefährten des Odysseus in Schweine verwandelt hat, ist fraglich. Wahrscheinlich rührt der Name von der Beobachtung her, daß Schweine nach dem Genuß des Krautes von Krämpfen befallen wurden. Noch heute wird daher das Kraut im Schlesischen „Säukraut“ und in Ostfriesland „Swinekruut“ genannt.

Abb. 24. Hyoscyamus niger — Bilsenkraut mit Blüte und zottig-behaarten Blättern

Sicher ist jedenfalls, daß das Bilsenkraut schon seit früher Zeit als Gift-, Rausch- und Schlafpflanze bekannt war. Dioscorides und später Plinius empfehlen Kraut oder Wurzel in Essig zu kochen und die eingedickten Auszüge gegen Schmerzen zu verwenden. Eine andere Art der Anwendung war früher in Böhmen üblich. Man warf Bilsenkrautsamen auf glühende Kohlen oder heiße Eisenplatten und ließ die Patienten die sich entwickelnden Dämpfe einatmen. Auch die narkotisierende und berauschende Wirkung von Auszügen und Dämpfen wurde in vielfältiger Weise ausgenützt. Im griechischen Altertum bedienten sich ihrer die heidnischen Priester und Wahrseher, bevor sie das Orakel befragten. Die Bezeichnung *Herba Apollinaris* für das Bilsenkraut läßt außerdem vermuten, daß sich auch die pythischen Jungfrauen

Abb. 25. Atropa belladonna — Tollkirsche

des Orakels von Apollo mit Bilsenkrautdämpfen in einen Trancezustand versetzten. Hühnerdiebe nützten die narkotische Wirkung für ihre Zwecke aus, indem sie Bilsenkrautsamen auf den Hühnerhof streuten. Die Hühner fraßen davon, wurden bewußtlos und konnten weggetragen werden, ohne daß sie die Umgebung durch ihr Gegacker weckten. Deshalb auch die Bezeichnung Hühnertod für Hyoscyamin. Auch die Stadt Pilsen und das Pilsener Bier und viele andere ähnlich lautende Städte verdanken dem Bilsenkraut ihren Namen. Aber nicht, weil hier das Hexenunwesen besonders verbreitet gewesen wäre, sondern weil man dort große Bilsenkraut-Pflanzungen angelegt hatte. Man benutzte nämlich Bilsenkrautsamen einige Zeit, um schwache Biersorten zu „verstärken". Dieser Unfug währte Gottseidank nicht lange. Im Jahre 1507 wurde in Eichstädt eine Polizei-Vorschrift erlassen, die das Brauen von Bieren mit Bilsenkrautzusatz unter Strafe verbot.

Die letzte der vier Nachtschattengewächse ist die *Tollkirsche* (Atropa belladonna) (Abb. 25). Auf sie paßt die Familien-Bezeichnung am besten, denn sie versteckt sich im Dickicht an Wegrändern, in dunklen Auen und auf Kahlschlägen. Die Tarnung gelingt ihr vortrefflich. Die Blätter der etwa 1 m hohen Staude sind nicht besonders auffällig. Die glockenförmigen Blüten besitzen eine dunkelviolette Tarnfarbe und auch die Früchte sind schwarz wie die Nacht. Wenn trotzdem immer wieder Tollkirschenvergiftungen vorkommen, dann nur, weil die verführerisch glänzenden Beeren von Kindern und unwissenden Erwachsenen für Schwarzkirschen gehalten werden. Während der deutsche Pflanzenname nur auf die rauschmachende Wirkung der Droge hinweist, gibt der botanische Name Atropa belladonna noch weitere interessante Aufschlüsse. Atropos wurde von den alten Griechen jene Göttin genannt, die den Lebensfaden abschneidet. Man wollte damit ausdrücken, für wie gefährlich man diese Droge hielt. Tatsächlich wurde die Droge sehr häufig als Mordgift verwendet. Auf eine andere Wirkung weist der Artname „belladonna" (ital. = schöne Dame) hin. Träufelt man einen Tollkirschenextrakt ins Auge, so kommt es zu einer starken Erweiterung der Pupille, die einige Tage anhält. Eben das wünschten sich früher viele vornehme Damen, um durch große schwarze Augen besonders interessant und attraktiv zu erscheinen. Die Alkaloide, die diese Wirkung auslösen, findet man in allen Pflanzenteilen. Am höchsten konzentriert sind sie in den Blättern, den Früchten und in den Wurzeln. Genau wie beim Bilsenkraut ist das l-Hyoscyamin das Hauptalkaloid der frisch geernteten Droge.

Versucht man es aber ohne besondere Vorsichtsmaßregeln aus den Blättern zu isolieren, so entsteht wieder teilweise racemisches Atropin. Offenbar spielen hier Temperatureinflüsse eine noch größere Rolle als beim Bilsenkraut. Auch in der Wirkung bestehen zwischen beiden Drogen kleine Unterschiede. Das rührt daher, daß die Tollkirsche noch geringe Mengen Scopolamin und Spuren der etwas anders wirkenden Alkaloide Apoatropin und Belladonnin enthält.

1. Über die pharmakologische Wirkung der Solanaceenalkaloide

Neben dem Morphin sind die Alkaloide der Nachtschattenfamilie die einzigen Rauschgifte, die sich bis heute unverändert in unserem Arzneischatz erhalten haben. Da die Chemiker einige unerwünschte Nebenwirkungen dieser Alkaloide durch chemische Abwandlungen des Moleküls beseitigen konnten, sind sie für den Arzt noch interessanter geworden. Was der Arzt an diesen Verbindungen so überaus schätzt, ist ihre beruhigende und krampflösende Wirkung bei Magen-, Darm- und Gallekoliken. Diese Wirkung erzielt man schon mit geringen Substanzkonzentrationen. Zu der eigentlichen Rauschgiftwirkung kommt es erst wieder nach höheren Dosen.

Wie wir bereits im vorigen Kapitel gehört haben, können Rauschzustände und Vergiftungen durch Solanaceendrogen einen sehr verschiedenen Charakter annehmen. In den Fällen, in denen man gewiß sein kann, daß nur eine der vier Drogen verwendet wurde, lassen sich die beschriebenen Unterschiede in der Wirkung ganz einfach mit der stets wechselnden quantitativen Alkaloidzusammensetzung der Drogen erklären. Daß die Alkaloidzusammensetzung stark von dem jeweils verwendeten Pflanzenteil, von der Erntezeit und auch der Zubereitungsart der Droge abhängt, haben wir schon gehört. Schwierig ist die Analyse der Rauschsymptome dann, wenn Drogengemische zur Anwendung kamen. Gerade das war bei den Hexen- und Liebes-Tränken des Mittelalters meistens der Fall. Will man hier die beschriebenen Wirkungen richtig verstehen, muß man zuvor die Wirkung der einzelnen reinen Alkaloide genau kennen.

Beginnen wir mit dem *l-Scopolamin*, dem Hauptalkaloid der Alraune. Der Pharmakologe rechnet dieses Alkaloid zu den sogenannten *Parasympathicolytica*[1]. Das sind Substanzen, die die Wirkung des am parasympathischen Nervenende freigesetzten Acetylcholins aufheben oder abschwächen. Und zwar so, daß das Scopolamin das Acetylcholin von den Receptoren des Erfolgsorgans verdrängt. Da das Scopolamin im Gegensatz zum Acetylcholin nicht erregend wirkt, kommt es zu einer allgemeinen Parasympathicus-Hemmung. Das Scopolamin wirkt, wenn es unter die Haut gespritzt wird, schon in einer Menge von einem Zehntelmilligram. Nach einer kurz andauernden Bewegungsunruhe tritt bald eine deutlich wahrnehmbare Beruhigung ein. Diese wird durch eine Lähmung der motorischen Zentren im Zentralnervensystem hervorgerufen. Steigert man die Dosierung auf 0,5 bis 1,0 Milligramm, so beobachtet man folgende Reaktionen. Die Pupille erweitert sich, Speichelbildung sowie Schweiß- und Magensaftsekretion werden stark gehemmt, die Muskelaktivität vermindert sich und die Darmbewegungen werden schwächer. Gleichzeitig befällt die Versuchsperson eine tiefe Mattigkeit, die sehr bald in einen traumlosen Schlaf übergeht. Diesen hypnotischen Effekt hat man früher ausgenützt, um tobende und widerspenstige Geisteskranke für einige Zeit zu besänftigen. Nur so konnte man sie überhaupt ärztlich untersuchen oder ohne Gefahr transportieren. Auch bei Parkinsonismus, einer Krankheit, die durch Zelluntergänge im Hirnstamm ausgelöst wird und mit Zittern der Arme und Beine sowie Muskelstarre einhergeht, ist das Scopolamin wegen seiner direkten Wirkung auf den Hirnstamm lange Zeit ein beliebtes Mittel gewesen. Noch bevor sich aber der dämpfende Effekt des Scopolamins voll auswirkt, treten im halbwachen Zustand die verschiedenartigsten Halluzinationen auf. Diese sind je nach Dosierung und Stimmungslage von phantastischer Märchenhaftigkeit. Tiefe Bewußtlosigkeit wird mit Dosen von 10 bis 50 mg Scopolamin erreicht. Behandelt man solche Zustände nicht augenblicklich mit einem Gegenmittel, kann Lebensgefahr bestehen. Allerdings ist die Verträglichkeit beim Menschen sehr verschieden.

[1] Das vegetative Nervensystem setzt sich aus *Sympathicus* und *Parasympathicus* (Vagus)-Nerven zusammen. Beide Nervensysteme üben auf Organe eine einander entgegengesetzte Wirkung aus. Das eine regt an, das andere bremst. Durch das Gegenspiel beider Systeme wird die Funktion eines Organs geregelt und kontrolliert. Überwiegen des einen oder anderen Systems führt zu einer Störung der normalen Organfunktion.

Es gibt Scopolaminvergiftete, die sich nach 300 mg und noch höheren Dosen wieder erholt haben. Umgekehrt wird von tödlichen Vergiftungen nach Einspritzung von wenigen Milligramm berichtet. Ähnlich verhält es sich mit dem *Hyoscyamin* bzw. *Atropin*. Auch bei diesen schwankt die Toleranz ganz außerordentlich. Während bei einigen Menschen schon wenige Milligramm tödlich wirken, überleben andere noch mit 100 Milligramm und mehr. Immer aber äußern sich die ersten Vergiftungserscheinungen mit Blutdrucksteigerung, Herzklopfen, Sehstörungen, trockener heißer Haut, Krämpfen und zunehmender Bewußtlosigkeit. Dabei scheint die Verträglichkeit von der Entwicklungsstufe des Gehirns und von der Schnelligkeit abzuhängen, mit der ein Organismus diese Alkaloide wieder abbauen und ausscheiden kann. Mäuse und Meerschweinchen vertragen wesentlich mehr als Hunde und Affen. Affen wiederum mehr als Neger und Neger mehr als Weiße. Aus demselben Grund überstehen auch Kinder eine Tollkirschenvergiftung wesentlich besser als Erwachsene. Man kann Kaninchen wochenlang allein mit Tollkirschenblättern füttern, ohne daß man nennenswerte Reaktionen beobachtet. Das Kaninchen hat nämlich in seiner Leber ein Ferment, mit dem es das Hyoscyamin rasch unschädlich macht. Ziegen reagieren nach Verfütterung von 750 g frischen Tollkirschenblättern lediglich mit einer Pupillenerweiterung. Dagegen machen sich bei Kühen und Pferden schon nach 100 g Blättern Anzeichen einer Hyoscyaminvergiftung bemerkbar.

Wie die Wirkung der Hexensalben zeigt, kann das Hyoscyamin auch durch die Haut aufgenommen werden. Besonders schnell wird es durch die Schleimhäute der Nase und der Scheide resorbiert. Man weiß auch, daß das Hyoscyamin ebenso wie das Morphin in den Rauch übergeht. In vielen Ländern werden ja die getrockneten Blätter allein oder mit Tabak vermischt geraucht. Schließlich verdanken auch die Asthma-Räucherpulver und Zigaretten dieser Eigenschaft ihre Anwendung. Das inhalierte Hyoscyamin/Atropin erweitert die verkrampften Bronchien und lindert dadurch die Asthmabeschwerden. Erstaunlich ist die große Atropin-Empfindlichkeit des Pupillenmuskels (Musculus sphincter pupillae). Bringt man nur einige Tropfen einer auf 1 : 100 000 verdünnten Atropinlösung ins Auge, so kommt es zu einer vorübergehenden Pupillenerweiterung. Eine ideale, häufig praktizierte Methode, um noch

Spuren dieses Giftes sicher nachzuweisen! Ebenso empfindlich auf Atropin reagiert die Speichel-, Schweiß- und Magensekretion. Auch die normalen Verdauungs-Bewegungen des Magens, Darms und der Gallenwege werden durch Atropin schnell verlangsamt. Nervöse Verkrampfungen in der gesamten Bauchgegend lassen sich wirkungsvoll mit Atropin bekämpfen und zur Vorbeugung gegen Bewegungskrankheiten (ausgelöst durch Schiffs-, Flugzeug-, Auto- oder Eisenbahnreisen) ist es zusammen mit Scopolamin auch heute noch das Mittel der Wahl.

Demgegenüber führen höhere Dosen zu charakteristischen Vergiftungserscheinungen, die dramatisch verlaufen können. Zunächst kommt es zu einer Rötung der Haut, starker Trockenheit im Mund, Pupillenerweiterung und einer Pulserhöhung als Folge einer starken Herzbeschleunigung. Der Vergiftete wird jetzt merklich unruhig, unaufmerksam und zerfahren. Er beginnt wie in einem Fiebertraum mit sich selbst zu reden und zeigt psychisch abartige Reaktionen. Wahrscheinlich als Folge von Illusionen und Halluzinationen kauern sich die Vergifteten in eine Ecke, kriechen auf allen vieren durchs Zimmer oder laufen im Kreise herum. Sehr typisch sind die Reaktionen bei Massenvergiftungen. Macht einer etwas Unsinniges vor, gleich ahmen es die anderen nach. Im Gänsemarsch marschieren oder tanzen sie durchs Zimmer, demolieren die Wohnung und geraten schließlich außer Rand und Band. Als Folge der Enthemmung kommt es nicht selten zu abartigen sexuellen Handlungen, an die sich die Berauschten später nicht mehr erinnern können. Wenn die Erregungszustände abgeklungen sind, beginnt sich das Bewußtsein zu trüben und der Berauschte fällt in einen tiefen Schlaf. Aus ihm erwacht er nach mehreren Stunden, geschwächt und unfähig, zusammenhängend zu denken. Die Erinnerung an das Vorgefallene ist zum Teil gänzlich ausgelöscht.

2. Solanaceendrogen und „Hexentränke"

Der *Hexenkult* gehört zu den eigentümlichsten Erscheinungen des Mittelalters. Aus Berichten über den Werwolfsglauben der Indogermanen oder aus dem Roman „Der goldene Esel" von Apulejus (2. Jahrhundert n. Chr.) wissen wir, daß dieser Kult schon wesentlich früher existiert haben muß. Wahrscheinlich aber bildeten erst die religiösen Strömungen des 6. und 7. Jahrhunderts den geeigneten Nährboden für das Hexenunwesen.

Unentbehrliches Attribut jeder Hexenzeremonie war ein Hexentrank oder eine Hexensalbe, die aus Extrakten von Bilsenkraut, Stechapfel, Alraune oder Tollkirsche gebraut wurden. Mitunter sollen auch Mohn-, Schierlings-, Wolfsmilch- und Taumelloch-Auszüge darin enthalten gewesen sein. Das „grüne Öl", mit dem sich die Hexen am ganzen Körper einrieben, war mit Sicherheit Bilsenkrautöl. Viele andere Zutaten, wie Insekten, Kröten, Eidechsen, Schlangen, Menschenblut und dergleichen mehr, hatten wohl mehr symbolische Bedeutung. Nur von der Krötenhaut weiß man, daß sie das halluzinogen wirksame *Bufotenin* enthält. Wir werden darüber später noch mehr hören. Wenn wir die zahlreichen authentischen Berichte aus dieser Zeit richtig interpretieren, muß die Hexe alsbald nach Einnahme des Getränkes in einen tiefen, tranceähnlichen Schlaf verfallen sein. Alles, was sie nach dem Wiedererwachen als persönliches, unmittelbares Erlebnis erzählte, hatte sie in Wirklichkeit nur im Traum erlebt. Sehr häufig erscheint in diesen Berichten der Flugtraum, der sogenannte Hexenritt. Mit einem Besen oder einer Ofengabel zwischen den Beinen erhob sich die Hexe in die Luft, wobei sie gewöhnlich durch den Kamin aus dem Haus entfloh, um zum Hexensabbat, dem Versammlungsort der Hexen, zu fliegen. Dort nahm sie mit ihren Gefährtinnen auf offenem Felde an einem Hexenmahl teil, zu dem mitunter auch der Teufel in Gestalt eines Ziegenbocks erschien. Das Ausmaß des Hexentreibens ist verschieden und reicht von einfachen Tänzen und rituellen Handlungen bis zu den ausgelassensten sexuellen Orgien, wie sie uns in der „Walpurgisnacht" oder in SPRENGERS „Malleus Mallificarum", „Der Hexenhammer", beschrieben werden. In Hexen-Büchern wird häufig behauptet, daß sich die Hexen nach Belieben in Hunde, Katzen, Wölfe und andere bissige Tiere verwandeln könnten. Schon APULEJUS erzählt von solchen Verwandlungskünsten der Zauberin PAMPHILA, die der Held des Romans durch einen Spalt der Tür heimlich beobachtete. „Sie rieb längere Zeit ihre Hände mit einer Salbe ein und beschmierte mit dem Öl ihren Körper von Kopf bis Fuß" ... „Nach langem unverständlichem Gemurmel schüttelte sie dann unter heftigen Zuckungen ihre Glieder, bis zarte Federn aus ihrem Körper sprossen.

Dann wuchsen ihr große Flügel, ihre Nase wurde hart und verwandelte sich in einen Schnabel, ihre Nägel zogen sich zusammen und krümmten sich. So wurde PAMPHILA zu einer Eule." Ganz ähnliches schrieb der Neapolitaner JOHANN BAPTIST PORTER vor 350 Jahren in der berühmten „Magia naturalis". „Wenn man den Leuten nach Einverleiben der Salbe einredete, sie seien Tiere, so fingen sie an zu schwimmen wie die Fische, sie schlugen mit den Flügeln wie die Gänse oder stießen mit den Hörnern wie die Ochsen."

Es ist nicht einfach, alle diese Berichte von Halluzinationen und Visionen auf ihren Wahrheitsgehalt zu prüfen. Zwar stehen uns alle erwähnten Drogen und zusätzlich auch die daraus isolierten Reinstoffe in jeder Menge zur Verfügung, aber die geistige Ausgangssituation der damaligen Zeit läßt sich nicht mehr rekonstruieren. Wir müssen uns vor Augen halten, daß die Rauschwirkung, wie bereits mehrfach erwähnt, stark von der psychischen und geistigen Verfassung der jeweiligen Personen abhängig war. Je einfältiger und ungebildeter jemand war, aber auch je mehr jemand zur Hysterie neigte, um so heftiger und phantastischer dürften die Rauschzustände gewesen sein. Verständlicherweise hat es viele Wissenschaftler und Ärzte gegeben, die versucht haben, hinter das Geheimnis der Hexenmittel zu kommen. Die einen benutzten einfache Drogenauszüge, die anderen injizierten sich die reinen Stechapfel- oder Bilsenkraut-Alkaloide oder schmierten sich Salben in die Haut. Die Rauschsymptome, die nach Einnahme von Drogenauszügen und reinen Alkaloiden auftraten, waren deutlich voneinander verschieden. Diejenigen, die sich einen Hexentrank nach überlieferten Rezepten mixten, verfielen, wie es z. B. KIESEWETTER in seinem Buch über „Geheimnis der Wissenschaften" schreibt, in einen Schlaf, in dem man von schwindelnden Reisen zu Wasser und zu Lande, von Blitzzügen und Schnelldampfern träumte oder sich in prachtvolle tropische Gegenden versetzt fühlte. Alles durchquerte man in rasendem Flug. Hier haben wir den Hexenritt in einer modernen Ausgabe. Wieder andere glaubten sich in Wölfe, Tiger und Löwen verwandelt.

Da die Rauschzustände nach Einnahme von reinen Alkaloiden weniger typische Züge zeigten, kann die Wirkung der reinen Stoffe nicht mit der der Ganzdroge gleichgesetzt werden.

Vermutlich verändern die Nebenalkaloide oder Extraktstoffe die Wirkung der Hauptalkaloide so stark, daß neuartige Rauschsymptome entstehen. Charakteristisch aber für die Rauschsymptome der Solonaceendrogen ist ein zeitweiliger Erinnerungsverlust, der nach Beendigung des Rauschzustandes eintritt. Aus der neuesten Literatur wird ein Fall beschrieben, der hierfür charakteristisch ist. Eine 54jährige unbescholtene Hausfrau hatte irrtümlich zuviel Atropin-Scopolamin-Tropfen genommen und in dem anschließenden Rauschzustand versucht, ihr bekannte Personen zu Unzuchthandlungen zu bewegen. Nach der Gift-Psychose hatte sie an die Vorkommnisse keinerlei Erinnerung mehr. Übertragen auf die Hexenprozesse dürfte das bedeuten, daß vermutlich ein Großteil der Geständnisse erfunden oder den Angeklagten in den Mund gelegt worden waren. Dies dürfte um so leichter gewesen sein, als ja die aus dem Rausch Erwachten noch völlig unter der Einwirkung des Giftes gestanden haben. Diese Art Geständnisse zu erpressen, erinnert sehr stark an Berichte über die von Geheimdiensten häufig praktizierte „Gehirnwäsche". Es wird behauptet, daß hierzu Scopolamin verwendet wurde. Tatsächlich kann dieses Alkaloid den Deliquenten in einen Dämmerzustand versetzen, in dem er leicht Suggestionen oder Gedankengängen zugänglich wird, die er bei normalem Bewußtsein von sich weisen würde.

VI. Halluzinogene Rauschgiftdrogen der Alten Welt

1. Indischer Hanf (Haschisch, Marihuana)

Wer aufmerksam bei uns durch Auenwälder spaziert, kann mitunter einer 1 bis 2 m hohen Staude begegnen, die durch fingerförmig gefiederte Blätter und dichte Blattbüschel im oberen Sproßbereich auffällt. Wenige wissen, daß sie hier eine unserer ältesten Kulturpflanzen, den *Faserhanf (Cannabis sativa)* vor sich haben (Abb. 26).

Dieser Faserhanf, ein naher Verwandter unseres Hopfens (Moraceae), wurde früher in weiten Teilen der Erde zur Fasergewinnung angebaut. Heute dienen die Kulturen nur noch der Rauschgiftgewinnung. Wildwachsend trifft man den Hanf nur noch vereinzelt an. Daß auch unser europäischer Faserhanf Rauschgift produziert, wurde lange nicht für möglich gehalten. Man war daher nicht wenig überrascht, als man gelegentlich nach heißen Sommern auch in der „ungefährlichen" europäischen Hanfart dieselben Inhaltsstoffe fand wie in der „gefährlichen" indischen Sorte *(Cannabis sativa var. indica)*. Offenbar benötigt die Pflanze zur Bildung der Rausch-erzeugenden Verbindungen Sommermonate mit

Abb. 26. Cannabis sativa var. indica — Weibliche Hanfpflanze

einer hohen mittleren Tagestemperatur. Das ist aber bei uns nur selten der Fall. Somit stammt praktisch die gesamte „Haschisch"-Ernte aus dem Vorderen Orient, aus Indien und aus Mexiko, wohin die spanischen Eroberer den Hanf schon früh importiert hatten. Wer aber in seinem Dachgarten sein eigenes Haschisch ernten möchte, muß außer auf geeignete Temperaturbedingungen noch darauf achten, daß er die richtige *Hanfpflanze* kultiviert. Sie ist nämlich nicht wie die meisten anderen ein-, sondern zweihäusig, daß heißt, vom Hanf gibt es eine männliche und eine weibliche Pflanze. Nur das Kraut des weiblichen Hanfes besitzt narkotische

Eigenschaften. Seltsamerweise hat sich bei den Haschisch-Händlern für die weibliche Pflanze eine völlig verkehrte Bezeichnung eingebürgert. Diese Verwechslung wurde nie geändert und so heißen die weiblichen Pflanzen des Hanfs heute noch Mäschel, von masculus = männlich, während die wirkungslosen männlichen als Fimmel, von feminella = Weibchen, bezeichnet werden. Auf die

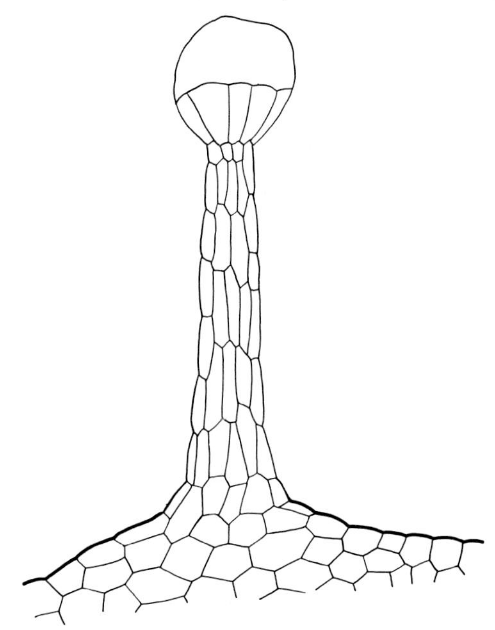

Abb. 27. Cannabis sativa — Drüsenköpfchen des Hanfblattes

richtige botanische Herkunft weist dagegen der Name Marihuana. In diesem Wort steckt nämlich der weibliche Doppelname Marie-Johanna. Auch Dona Juanita und Rosa Marie waren in Mexiko als Decknamen für das begehrte Rauschmittel geläufig. Neben diesen Bezeichnungen gibt es für den Haschisch je nach Herkunftsland noch weitere Namen. So kennt man den Haschisch im Vorderen Orient als Khi, in Ägypten als Maslac oder Malach, Bhang oder Ganja heißt er in Indien, Ma in China, Maconha oder Djamba in Südamerika und Südafrika. In den USA wird er als pot, grass bo oder tea bezeichnet.

Haschisch selbst ist nicht identisch mit der weiblichen Hanfpflanze, sondern ist die Bezeichnung für ein Harz, das in mikroskopisch kleinen „Drüsen-Köpfchen“ der oberen Laubblätter gebildet wird (Abb. 27). Wenn diese durch den vorhandenen Überdruck platzen, fließt Harz aus und überzieht die Blättchen mit einem klebrigen Film. Seine Gewinnung ist einfach. Die Rancheros gehen zur Blütezeit mit Lederschürzen oder Lederhosen durch die Hanffelder. Dabei bleibt das Harz am Leder kleben und kann mit dem Messer wieder abgeschabt werden. Für den illegalen Handel wird es anschließend zu größeren Stücken geknetet und in Leinen eingenäht. Diese Gewinnungsart ist aber nicht sehr ergiebig. Wesentlich höhere Ausbeuten erzielen die Sammler, wenn sie die ganzen Blütenstände der Pflanze entfernen und nach dem Trocknen auf einem Teppich zerreiben. Das Harz, das sich in den Maschen des Teppichs ansammelt, gewinnen sie dann durch Ausklopfen über Papier zurück.

Die grünbraunen Harzklumpen erinnern an die „Opiumbrote“. Diese sind zwar etwas anders geformt und haben eine andere Farbe, aber sie sind ebenso wie das Haschisch-Harz Produkte einer pflanzlichen Sekretion. Diese Sekrete haben eines gemeinsam: sie werden in eigens dafür von der Pflanze gebildeten Sekreträumen gespeichert. Das gilt für den Milchsaft ebenso wie für das Harz oder das ätherische Öl. Worin sich diese Sekrete aber deutlich unterscheiden, das ist die chemische Zusammensetzung. Während z. B. der Milchsaft des Schlafmohns aus Kautschuk-ähnlichen Stoffen und einem Gemenge von Alkaloiden besteht, liegt im Haschisch-Harz ein Gemisch von ätherischen Ölbestandteilen vor. Von ätherischen Ölen wissen wir aber, daß sie leicht flüchtig sind und mit Wasserdampf abgeschieden werden können. Unterwirft man das Haschisch-Harz einer solchen Wasserdampfdestillation, so erhält man ein rotes Öl, das Rauschgiftwirkung besitzt. Aber auch dieses Öl ist noch ein ziemlich kompliziertes Gemisch. Man trennte dieses Öl mit modernen Methoden noch weiter in mehr als sechs verschiedene Verbindungen auf und fand, daß wieder nur eine von diesen Verbindungen oder genauer gesagt eine Fraktion davon, die dem Haschisch zugeschriebene typische Rauschwirkung aufwies. Die Verbindung selbst ist auch ölig und wird als *Tetrahydrocannabinol* (THC) bezeichnet. Chemisch gehört diese Verbindung in die

Gruppe der Terpenverbindungen. Die anderen Verbindungen des roten Haschisch-Öls sind mit dem Tetrahydrocannabinol chemisch sehr eng verwandt. Die eine Verbindung ist die beruhigend und bakteriostatisch wirkende *Cannabidiolsäure*. Wir bezeichnen sie als die Muttersubstanz der Haschisch-Wirkstoffe. Aus ihr entstehen

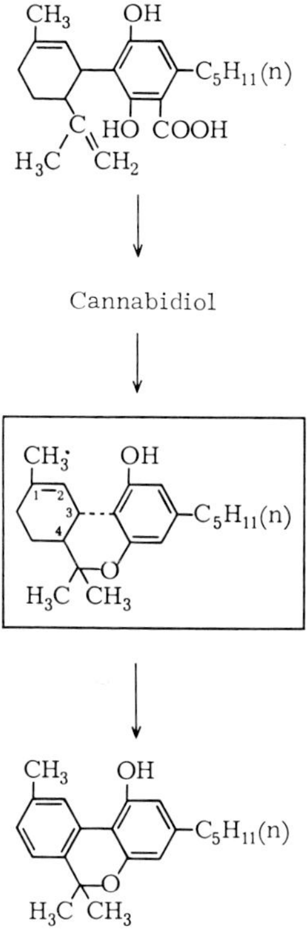

Cannabidiolsäure
(sedativ und bakteriostatisch wirksam)

Cannabidiol

$\Delta^{1,2}$-3,4-trans-
Tetrahydrocannabinol (THC)
(psychotrop wirksam)

Cannabinol
(pharmakologisch unwirksam)

Abb. 28. Formeln und Bildungsweg der wichtigsten Verbindungen des Haschisch-Harzes

nämlich in der Pflanze während der „Reifeperiode" über die Zwischenstufe *Cannabidiol* die physiologisch aktiven Substanzen der THC-Fraktion. Eine andere Harzsubstanz ist das pharmakologisch unwirksame *Cannabinol* (Abb. 28).

Dieses Cannabinol führt die Pflanze vor allem am Ende der Vegetationsperiode in hoher Konzentration. Interessanterweise erhöht sich sein Anteil auch bei der Lagerung des Harzes. Die Anwesenheit von Rausch-erzeugendem THC im Hanf hängt also einmal davon ab, ob und in welchem Maße die Umwandlung der Cannabidiolsäure in THC erfolgt ist und zum anderen, wieviel THC bereits wieder zu Cannabidiol abgebaut wurde. Beide Reaktionen können wir auch außerhalb der Pflanze nachahmen. Bei solchen Versuchen ergab sich, daß der erste Umwandlungsprozeß temperatur- und lichtabhängig ist.

Dieser Befund deckt sich mit der Beobachtung, daß auch der europäische Faserhanf unter günstigen klimatischen Bedingungen das Rauschgift produziert.

Natürlich haben die Chemiker versucht, diesen Haschisch-Wirkstoff künstlich darzustellen. Dieser Versuch ist auch im Prinzip geglückt, aber keine der hergestellten Verbindungen erreichte die volle Wirksamkeit des natürlichen Harzes. Da zudem die Synthese sehr teuer kommt, ist das Haschisch-Harz auch heute noch die billigste Quelle für dieses Rauschgift und wird es vermutlich auch noch auf Jahrzehnte hinaus bleiben.

Zubereitungsweise und Art des Haschischgenusses waren bei den einzelnen Völkern sehr unterschiedlich. Die Skythen, die diese Pflanze nach Berichten HERODOTS bereits 500 v. Chr. am Schwarzen Meer kultivierten, warfen Haschischkörner auf glühende Steine und ließen sich in ihren Zelten von den sich bildenden Dämpfen berauschen. Die bedeutendste Rolle spielte seit jeher der Haschisch im Vorderen Orient.

Hier wird das frisch gewonnene Harz noch heute in Wasser gekocht. Die sich dabei an der Oberfläche abscheidenden Feststoffe werden abgeschöpft und zum Rauchen verwendet. Von diesem gekochten Haschisch genügen bereits 0,2 g in einer Pfeife oder Zigarette, um einen kräftigen Rauschzustand zu erzeugen. Erhitzt man das gekochte Haschisch aber ohne Zusätze in einem Gefäß und atmet die entstehenden Dämpfe ein, so sollen bereits 0,01 g zur Rauschwirkung ausreichen. Mexiko ist das Land der Haschisch-Trinker. Sie bereiten sich einen alkoholischen Auszug, wärmen aber den Trank vor dem Genuß etwas an, um die unangenehmen Duftstoffe zu verdampfen. Bei den Frauen Mexikos war das Vermischen der Haschisch-Blüten und obersten Stengelteile mit Zucker und in Chile das Vermischen mit Milch oder Agavenschnaps sehr beliebt.

Der Europäer und Nordamerikaner bevorzugt das getrocknete Kraut, gemischt mit Zigarettentabak in Form der bekannten Marihuana-Zigaretten. Da die Haschischwirkstoffe mit Wasserdampf destillierbar sind, war anzunehmen, daß sie auch leicht in den Rauch übergehen. Tatsächlich haben chemische Analysen des Rauches ergeben, daß sich THC, Cannabidiol und Cannabinol im Rauch 100mal stärker anreichern als beispielsweise in einem Ätherextrakt. Hinzu kommt noch, daß das THC geraucht fast 3mal stärker wirkt als wenn es vom Magen aus zur Resorption gelangt.

Obwohl der Rauschhanf in allen heißen Ländern wie Unkraut wächst und damit zu den am leichtesten zugänglichen und auch billigsten Narkotica der Welt zählt, hat dieses Kraut nur im Orient, im nördlichen Afrika und in Mexiko Weltgeschichte gemacht. Zweifellos waren hier völkische Eigenart und religiöse Gründe mit verantwortlich. Ja man kann behaupten, daß das Alkoholverbot durch die islamische Religion den Haschischgenuß in den breiteren Volksschichten des Orients erst richtig populär gemacht hat. Nicht so sicher verbürgt sind dagegen Berichte, wonach Haschisch das Aufputschungsmittel, „Haschischijum", der *„Assasinen"* oder *„Haschischinen"* (= Hanfesser) gewesen sein soll. Das waren Anhänger einer religiösen Sekte, die im 11. Jahrhundert über Palästina und Syrien verbreitet war. Ihr Ziel war es, politische und religiöse Gegner zu beseitigen. Den Anhängern wurde blinder Fanatismus bis zur Aufopferung des eigenen Lebens nachgerühmt. Da der Haschischrausch stark aggressive Züge trägt, wäre es durchaus glaubhaft, daß Haschisch das Berauschungsmittel war, mit dem die Anhänger für ihre Mordunternehmungen präpariert wurden. Ob diese Darstellung wahr oder Legende ist, wird schwer nachzuprüfen sein. Jedenfalls finden wir das Wort *assasin* im angelsächsischen und französischen Sprachgebrauch noch heute unverändert in der Bedeutung eines Meuchelmörders aus politischen Motiven.

Diesem eindeutig negativen Einfluß des Haschisch stehen aber auch positive Seiten gegenüber. Zwar dürfte die von dem französischen Schriftsteller und Drogenforscher HENRI MICHAUX geäußerte Ansicht, die verfeinerten Formen der islamischen Kunst seien aus Haschisch-Visionen hervorgegangen, übertrieben sein, doch besteht kein Zweifel, daß der Haschisch-Rausch auf die islamische Kultur stilbildend eingewirkt hat. Das überzeugendste literarische Dokument, das wir haben, sind die Erzählungen aus „Tausendundeine Nacht". In ihnen finden wir alles wieder, was ein Haschisch-Rausch an Visionen und Halluzinationen hervorzuzaubern vermag. Auf fliegenden Teppichen und Geisterrossen werden die Menschen von einer Stadt zur anderen und von Land zu Land getragen. Schöne Paläste tauchen auf, bräutlich geschmückte Jungfrauen begrüßen den Ankömmling, geleiten ihn in herrlich ausgestattete Gemächer und bedienen ihn, als wäre er der Kalif persönlich. Aber ebenso schnell kann alle Herrlichkeit wieder verfliegen. Jäh aus dem Traum erwacht, finden sich die Menschen wieder allein in ihrem Elend. Diese Vorstellungsfolge, meint GEORG JACOB, sei charakteristisch für die Art der orientalischen Märchenerzählung. Bei GRIMMS Märchen suchen wir sie vergebens. Die Beziehung zwischen dieser islamischen Erzählkunst und dem Haschisch besteht nun darin, daß die Derwische nicht nur die Vertreter der volkstümlichen Erzählkunst, sondern auch Anhänger des Haschischgenusses waren.

Lassen sich wirklich aus solchen literarischen Erzeugnissen die charakteristischen Elemente des Haschischrausches ableiten? Nur teilweise! Denn wie bei jedem anderen Rauschgift können auch nach Haschischgenuß die Rauschsymptome je nach Charakter, Bildungsgrad und religiöser Erziehung eines Volkes unterschiedliche Formen annehmen. Trotzdem treten immer wieder einige Rauschwirkungen in gleicher oder ähnlicher Weise auf. Typisch ist, daß die Halluzinationen und Träume stets an etwas Wirkliches oder Vorhandenes anknüpfen. Dabei wird alles maßlos übertrieben. Der Haschisch-Rausch ist somit, wie es HARTWICH treffend charakterisiert hat, kein Neuschöpfer, sondern nur ein Vergrößerer. Die Farben im Haschisch-Rausch wirken heller, die Gegenstände schöner, die Geräusche verstärkt oder verfeinert und alle Beschränkungen von Zeit und Raum verschwinden.

CHARLES BAUDELAIRE hat diese Welt der Illusionen in seiner Schrift „Les Paradis artificiels" meisterhaft eingefangen. Er gehörte, wie THEOPHILE GAUTIER, dem Club der Hachichins in Paris an.

In CZERKIS „Haschisch" heißt es: Der Haschisch-Raucher ist glücklich wie jemand, der eine gute Nachricht hört, wie der Geizige, der seine Schätze zählt, der Spieler, den das Glück begünstigt oder der Ehrgeizige, den der Erfolg berauscht. Und MENNIER z. B. schreibt:

„Das Haschisch, das ich gegessen hatte, sah ich deutlich in meiner Brust in Form eines Smaragds, der Millionen kleiner Fünkchen sprühte. ... Milliarden von Schmetterlingen, deren Flügel rauschten, flogen mit dauerndem Summen in einer merkwürdig erleuchteten Luft umher ... mein Gehör hatte sich merkwürdig gesteigert, ich hörte das Geräusch der Farben ... ein umgeworfenes Glas, ein ächzender Stuhl, ein leise ausgesprochenes Wort widerhallten in mir wie Donnergetöse ... jeder flüchtig gestreifte Gegenstand tönte wie eine Harmonika oder eine Äolsharfe."

Die Verfeinerung des Gehörsinns ist der Grund, weshalb viele Jazz-Musiker behaupten, daß sie unter dem Einfluß der Droge besser improvisieren, leichter Themen und Rhythmen einer Komposition aufnehmen und einzelne Stimmen eines Orchesters besser verfolgen können.

Typisch für den Rauschzustand scheint aber immer zu sein, daß das Ich-Bewußtsein weitgehend erhalten bleibt, d. h. der Berauschte kann das Trügerische seiner Gesichte noch gut erkennen und kann, wenn man ihn energisch anspricht, völlig nüchtern wirken.

Einen etwas anderen Charakter gewinnt der Haschischrausch nach hohen Dosen. Sehr häufig kommt es dann zu einem Zustand von Persönlichkeitsspaltung. Der Berauschte verliert jede Selbstkontrolle und Selbstbeherrschung und begeht ohne jeden Anlaß gewalttätige Handlungen. Als sich z. B. das Haschischrauchen in Amerika ausbreitete, stiegen sprunghaft die Verbrechen vor allem in den Großstädten an. Nach einer Statistik aus dem Jahre 1936 wurden 60% aller Verbrecher in New Orleans von Marihuana-Rauchern begangen. Besonders stark wütete diese Haschisch-Seuche unter den Matrosen, Hafenarbeitern und Taxichauffeuren. Sie drang in die Kasernen und Bordelle ein und infizierte Knaben- und Mädchenpensionate.

Sehr unterschiedlich wirkt Haschisch bei Tieren. Während Hunde und Katzen auf Haschisch ruhig werden und bald in eine Art Wachtraum verfallen, wirkt das gleiche Gift auf Pferde, Stiere und Hähne erregend. In Frankreich wurden lange Zeit Pferde vor einem Wettrennen mit Haschisch gedopt. In Mexiko war es üblich, Kampfstiere mit Haschisch anzufeuern. Dasselbe war bei Kampfhähnen der Brauch. Deshalb wurden die Hähne vor Beginn des Kampfes von den Kampfrichtern nach Haschisch „abgerochen".

Für das Haschisch-Verbot, das in Deutschland im Jahre 1934 und 1937 in Form der sogenannten „Marihuana-Akte“ in Amerika erlassen wurde, gibt es trotz vieler gegenteiliger Meinungen zwei einfache Gründe. 1. Die Zunahme der Gewaltverbrechen nach Haschischgenuß und 2. die psychische Gefährdung der Jugend.

Wie steht es beim Haschisch mit der Suchtgefahr? Man hat zwar bei mäßigem oder gelegentlichem Haschischgenuß bisher nur selten Dauerschäden beobachtet, auch gelingt die Entziehung von der Haschischsucht viel leichter als beispielsweise beim Alkohol, doch sind nach Ansicht der Weltgesundheitsorganisation auch beim Haschisch alle Merkmale der Gewöhnung gegeben. Haschisch erzeugt eine psychische Abhängigkeit und den Wunsch, die Droge laufend zu nehmen. Außerdem lehrt die Statistik, daß bei vielen Menschen der Haschischgenuß nur die Vorstufe für Heroin und Kokain ist. Bei regelmäßiger Aufnahme des Giftes treten nicht selten manische Zustände auf, die langsam in einer totalen Verblödung enden.

Ungeachtet des Haschisch-Verbotes und drakonischer Strafen, die täglich verhängt werden, blüht der illegale Handel weiter. „Wenn das so weiter geht, dann werden wir gezwungen sein, 1971 20 000 Leute festzunehmen“, beklagt ein Beamter des Rauschgiftdezernates von Los Angeles diesen Trend. Nach Schätzungen der Washingtoner Gesundheitsbehörden nehmen zur Zeit etwa 20 Millionen Amerikaner gelegentlich Marihuana in irgendeiner Form zu sich. Viereinhalb Millionen ist es bereits zu einer lieben Gewohnheit geworden.

Wie hoch die Produktion und der Vertrieb von Haschisch ist, läßt sich allerdings statistisch nicht erfassen. Man gewinnt aber ein ungefähres Bild, wenn man die jährlich beschlagnahmten Warenmengen kennt. Allein in den Jahren 1962/63 wurden über 350 t Haschisch konfisziert, wobei die beschlagnahmten Pflanzen nicht mit eingerechnet sind.

2. Fliegenpilz (Soma)

Jedes Kind kennt diesen prächtigen Bewohner unserer Wälder mit seinem „purpurroten Mäntelein“ und den weißen Tupfen. Aber so zauberhaft schön er auch aussieht, jeder weiß um seine große Giftigkeit. So wenigstens steht es in allen Pilzbüchern. Der

Pilzforscher WASSON bezweifelt das. Er glaubt auch nicht daran, daß der Pilz seinen Namen von seiner Verwendung als Fliegengift erhalten hat. Die Fliegen, die von dem Saft des Pilzes trinken, werden zwar betäubt, aber nach einigen Stunden krabbeln sie wieder munter herum und schwirren davon. WASSON nimmt an, daß die Bezeichnung „Fliegen" noch eine Nebenbedeutung hat. In Rußland, Dänemark, Deutschland und England bedeutete nämlich das Wort „Fliege" auch so viel wie Wahnsinn und im Volksmund heißt der Fliegenpilz heute noch Narrenschwamm. Tatsächlich genoß dieser Schwamm bei vielen primitiven Völkern des Nordens als Rauschmittel hohe Wertschätzung.

Nach den Berichten zahlreicher Forscher war der Fliegenpilz vor allem bei den Einwohnern des östlichen Sibiriens, den Korjaken, den Tschuktschen, den Tungusen, Jakuten und den asiatischen Nomaden ein begehrter Handelsartikel, den man gegen Rentierfelle und Zobelpelze eintauschte. In der Regel wurden die Pilze von den Nomaden an der Luft oder im Rauch getrocknet, zerkleinert und in Ledersäckchen mit auf die Reise genommen. Bei Bedarf legten sie die Stücke einige Zeit in Wasser oder Milch und tranken den Auszug. Zu Hause braute man sich ein noch besseres Getränk. Um den unangenehmen Geschmack des Pilzes zu überdecken, stellte man sich zunächst aus Weidenröschen und Rauschbeeren einen alkoholischen Auszug her und fügte dann ganze Pilzstücke oder einen wäßrigen Extrakt zu.

Wie Forschungsreisende berichten, dauert es je nach der gegessenen Pilzmenge 1/2 bis 1 Stunde, bis sich die ersten Vergiftungssymptome bemerkbar machen. Die Augen nehmen einen wilden Ausdruck an, die Hände beginnen zu zittern und der Oberkörper gerät in rhythmische Zuckungen. Die Berauschten fangen an zu singen, werden lustig und geschwätzig und erleben dabei die ersten Halluzinationen. Hält man z. B. einem Berauschten irgendeinen Gegenstand vor die Nase, so erscheint er ihm in gewaltiger Vergrößerung. Ein Löffel Wasser wird für einen See gehalten. Ein kleines Holzstück am Boden sieht er für ein übergroßes Hindernis an, so daß er zur Belustigung der Zuschauer einen gewaltigen Anlauf nimmt, um darüber hinwegzuspringen. Dieser Zustand dauert nicht lange. Die Erregung wird immer stärker, bis bei dem Berauschten plötzlich ein Tobsuchtsanfall ausbricht. Man hat diesen

Zustand sehr oft mit der ungestümen Art, mit der sich die „Berserker“ ihren Feinden entgegenwarfen, in Verbindung gebracht und angenommen, daß auch sie von einer Fliegenpilzvergiftung herrührt. Dies ist möglich, aber historisch nicht gesichert. Der Tobsuchtsanfall ist nur von kurzer Dauer. Der Berauschte fällt bald wie tot zu Boden und versinkt in einen tiefen Schlaf. „Eben dieser Schlaf bietet den größten Reiz. Der Betrunkene hat dabei die schönsten phantastischen Träume. Die Träume sind sehr sinnlich und der Schlafende schaut darin alles, was er sich wünscht.“ Manche haben auch religiöse und mythologische Visionen und glauben, daß sich ihnen im Traum die Zukunft enthüllt. Vielleicht waren es gerade diese Erscheinungen, die dem Pilz den Ruf eines „Glücksbringers“ eingetragen haben und dafür verantwortlich sind, daß der Fliegenpilz bei uns auch heute noch symbolhaft als „Glückspilz“ bezeichnet wird. Die zunächst erregende, dann betäubende Fliegenpilzwirkung scheint aber nicht nur auf den Menschen allein beschränkt zu sein, denn in einer Erzählung des Forschungsreisenden STELLER heißt es:

„... auch die Rentiere, die großen Appetit nach Schwämmen haben, genießen diesen Schwamm öfters, worauf sie als Besoffene eine Zeitlang rasen, niederfallen, darauf in einen tiefen Schlaf fallen. Wo die Korjäken so ein wildes Rentier antreffen, binden sie ihm die Füße, bis es ausgeschlafen und der Schwamm seine Kräfte verloren; alsdann stechen sie ein solches erst tot. Bringen sie solches im Schlafe oder der Tollheit um, so geraten alle diejenigen, die dessen Fleisch essen, in ebensolche Raserei, als ob sie wirklich den Fliegenschwamm eingenommen hätten.“

Da man mindestens 3 bis 4 Pilzexemplare für einen Rausch benötigte, der Pilz aber selten ist, war er Mangelware. Man zahlte ihn teuer mit Pelz oder anderen wertvollen Gebrauchsgegenständen. Diese Rarität führte dazu, daß man die Wirkung des Fliegenpilzes auf eine höchst eigenartige Weise ausnutzte. Die Nomaden fanden heraus, daß der Wirkstoff durch den Urin ausgeschieden wurde. So wartete ein zweiter mit einem Gefäß in der Hand auf den Urin des ersten, trank ihn und fiel in den gleichen Rauschzustand. Nicht selten sammelte der Berauschte seinen eigenen Harn, um ihn bei Gelegenheit wieder zu verwenden. Auf diese Weise war der Reisende längere Zeit mit dem Genußspender versorgt. Natürlich ließ sich dieses Verfahren nicht beliebig oft wiederholen; denn von dem Rauschgift wird immer nur ein Teil unverändert ausgeschieden.

Wiederum war es WASSON, der die Berichte über die Rauschsymptome genauer unter die Lupe nahm. Er kam dabei zu dem Schluß, daß der Fliegenpilz schon viel früher als Rauschmittel bekannt gewesen sein muß und sehr wahrscheinlich mit der altindischen „Götterdroge“ *Soma* („Naoma oder suma“) identisch ist. Eine Fundgrube für diese Studien war auch das Buch IX des Rig-Weda. In ihm sind uns 120 Hymnen überliefert, die sich ausschließlich mit dem vergötterten Soma beschäftigen. Hier wird auch beschrieben, wie man durch Auspressen des Soma einen Trank erhält, der den Göttern Unsterblichkeit, den Menschen aber Visionen verschafft. Seltsamerweise haben die Arier, die diesen Kult vor 3500 Jahren aus dem Norden nach Industal mitbrachten, kurz nach ihrer Ankunft diese Pflanze nicht mehr verwendet. Seitdem rätseln die Ethnobotaniker herum, mit welcher Pflanze dieses Soma identisch sein könnte. Man nannte Efeu- und Rhabarber-Arten, man diskutierte den wilden Wein und den Ephedra-Strauch, aber bis zu WASSONS Untersuchungen konnte niemand einen Beweis für seine Behauptungen beibringen.

Um die chemische Erforschung der Fliegenpilzwirkung haben sich viele Chemiker und Pharmakologen mit viel Fleiß bemüht. Der erste Giftstoff wurde aus dem Fliegenpilz im Jahre 1869 von SCHMIEDEBERG und KOPPE, allerdings noch in unreiner Form, isoliert. Die Verbindung, die *Muscarin* genannt wurde, enthielt Stickstoff und zeigte basische Eigenschaften. Im Tierversuch wirkt es ähnlich wie das bekannte Acetylcholin. Es verursachte Pupillenverengung, Blutdrucksenkung, starke Schweißabsonderung und heftige Magen-Darm-Kontraktionen. Da es gerade entgegengesetzt wie das Tollkirschen-Atropin wirkt, kann man mit Atropin die Wirkung des Muscarins aufheben. Das nützt der Arzt bei Fliegenpilzvergiftung aus.

Die chemische Aufklärung des Muscarins hat nahezu 100 Jahre gedauert. Man wußte zwar schon lange, daß sich dieser Stoff vom Cholin ableitet, aber die genaue Struktur konnten erst EUGSTER und KÖGL in den Jahren 1956 bis 1957 aufstellen. Wie das Formelbild (Abb. 29) zeigt, handelt es sich bei Muscarin um ein Sauerstoff-haltiges 5-Ring-System mit Stickstoff-haltiger Seitenkette. Die gestrichelte Linie macht deutlich, in welcher Weise das Cholinmolekül in den Fünfring eingebaut ist. Überraschend ist die geringe Menge, in der dieses Muscarin im Fliegenpilz gefunden wurde. 1 kg frisch gesammelte Pilze enthalten nur 2 mg Muscarin, wobei sich die Hauptmenge nur in der roten Haut des Hutes befinden soll. Das Muscarin muß demnach schon in höchster Verdünnung wirksam sein. Da es aber nur zu einem geringen Teil vom Magen-Darm her aufgenommen wird und sich die Vergiftungs- und Rauschsymptome des Pilzes außerdem nicht mit der Wirkung des reinen Muscarins decken, kann dieses nicht allein für die Rauschwirkung verantwortlich sein.

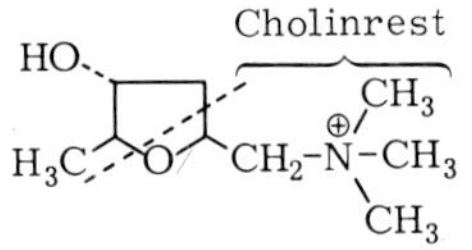

Cholinrest

HO

H_3C O $CH_2-\overset{\oplus}{N}(CH_3)_3$

Muscarin

HO N O $CH-NH_3^{\oplus}$ $COO^{\ominus}$

$^{\ominus}O$ N O $CH_2-\overset{\oplus}{N}H_3$

HN O O $CH-NH_3^{\oplus}$ $COO^{\ominus}$

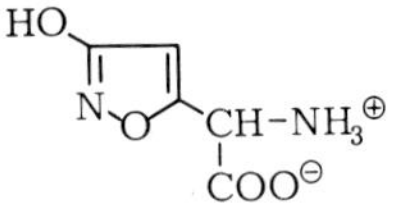

Ibotensäure 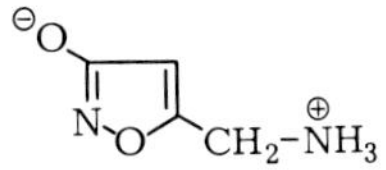 Muscimol 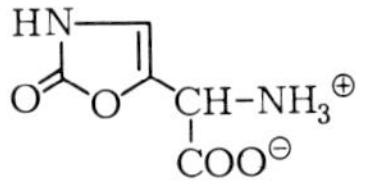 Muscazon

Abb. 29. Wirkstoffe des Fliegenpilzes

„Verdächtigt" wurde daraufhin eine zweite Base, die ebenfalls Schmiedeberg im Jahre 1881 in Pilzauszügen nachgewiesen hatte. Sie zeigte im Gegensatz zum Muscarin atropinähnliche Eigenschaften und wurde „*Pilzatropin*" bezeichnet. Aber entweder ist dieses Alkaloid nur in bestimmten Pilzsorten enthalten oder es ist ein Kunstprodukt, das nur unter gewissen Bedingungen bei der Isolierung entsteht; jedenfalls hat man bei einer Überprüfung dieser Angaben keine Atropin-ähnliche Verbindung gefunden, obwohl man von 10 kg Pilzmaterial ausgegangen war. Mehr Klarheit in diese widersprüchlichen Angaben brachten erst neuere Untersuchungen. Man isolierte als erste neue Verbindung das *Bufotenin*. Das ist ein Alkaloid, das erstmals im Krötengift entdeckt wurde und zusammen mit anderen Alkaloiden in einigen südamerikanischen Rauschgiftpflanzen vorkommt. Das Bufotenin gehört zu den Indol- oder Tryptamin-Basen (siehe S. 112) und erzeugt, wenn man es intravenös injiziert, einen kurzen Rauschzustand mit halluzinären Begleiterscheinungen. Im Magen wird es schnell abgebaut. Somit kann auch das Bufotenin nicht für die Rauschwirkung des Fliegenpilzes in Frage kommen, abgesehen davon, daß es nur in sehr kleinen Mengen im Fruchtkörper enthalten ist. Wesentlich interessanter waren dagegen drei weitere stickstoffhaltige Verbindungen. Sie wurden unabhängig voneinander fast gleichzeitig von Japanischen und Schweizer Chemikern isoliert. Sie heißen *Muscimol*, *Ibotensäure* und *Muscazon*. Ihre Formeln sind in Abb. 29 neben die des Muscarins geschrieben. Nicht ohne Grund, wie man sich leicht überzeugen kann. Denn auch diese neuen Verbindungen enthalten in ihren Molekülen einen 5-Ring mit einer stickstoffhaltigen Seitenkette. Nur ein Unterschied besteht. In dem Ring ist außer einem Sauerstoff-Atom auch noch ein Stickstoffatom eingebaut. Dadurch erhält das Molekül die Eigenschaften eines *Isoxazols*. Von den Isoxazolen wußte man bisher nur, daß sie antibakterielle Wirkung besitzen. Das Staunen der Chemiker war daher groß, als man plötzlich entdeckte, daß einige dieser Isoxazole nicht nur Bakterien, sondern auch Fliegen töten konnten. Ja, aber was hatte dies alles mit der Rauschwirkung des Fliegenpilzes zu tun? Ein Insektenmittel konnte doch nicht auch zugleich Rauschmittel sein? Die Wissenschaftler haben längst gelernt, sich nicht allein auf Erfahrungen zu verlassen und sind daher auch dieser Frage nachgegangen. Dabei fand der Schweizer Pharmakologe WASER, daß das Muscimol schon in oralen Dosen von 10 bis 15 mg die Raum- und Zeitorientiertung beeinflußt, Wahrnehmungen, Sprache und Denken beeinträchtigt und zu euphorischer Verstimmtheit führt. Bei der Maus verlängerten Muscimol und Ibotensäure die Schlafdauer nach Gabe eines Kurznarkotikums erheblich. Ob damit das Geheimnis der Fliegenpilz-Rauschwirkung ganz geklärt ist, werden erst die nächsten Jahre zeigen.

Noch völlig unklar ist aber etwas anderes. Weshalb war der Fliegenpilz bei den asiatischen Nomaden als Rauschmittel, in Europa dagegen nur als gefährliche Giftdroge bekannt? Ob die Nomaden Rußlands gegenüber dem Muscarin weniger empfindlich waren als die Europäer, oder ob der Fliegenpilz unter den klimatischen Bedingungen Mitteleuropas mehr Muscarin als Rauschstoffe produziert? Wir werden es wohl nie ganz erfahren.

3. Rauschgifte aus Tabernanthe iboga und Mitragyna

Wir haben noch kein vollständiges Zahlenmaterial über die Giftpflanzen Afrikas, aber wir dürfen mit gutem Grunde annehmen, daß die Zahl der Giftdrogen in Afrika nicht kleiner ist als in anderen Kontinenten. Seltsamerweise wird uns aber nur wenig über typische Rauschgiftdrogen berichtet. Ob das damit zu tun hat, daß das afrikanische Klima für die Produktion von Halluzinogenen weniger geeignet ist, oder ob die Eingeborenen Afrikas nicht so empfänglich oder interessiert sind an Rausch-machenden Drogen — wir wissen es nicht. Nur eine Rauschgiftpflanze ist schon seit mehr als einem Jahrhundert bekannt und auch chemisch und pharmakologisch ausführlich bearbeitet. Sie wächst in den Wäldern Zentralafrikas und des Belgischen Kongo und heißt mit dem botanischen Namen *Tabernanthe iboga.* Botanisch gehört sie zu der auch in Mittel- und Südamerika mit vielen Pflanzenarten verbreiteten Familie der Hundstodgewächse (Apocynaceae). Dieser Name weist schon auf die Bildung von stark wirkenden Giften hin. Die gelblichen Wurzeln der Droge, die gekaut werden, können, in kleinen Dosen genossen, einen stimulierenden Einfluß ausüben, denn die Neger des Kongos verwenden sie, um Müdigkeiten zu überwinden. In höheren Dosen dient die Droge aber eindeutig zu rituellen Handlungen. Nach dem Kauen einer größeren Anzahl von Wurzeln gerät der Medizinmann in einen Zustand Epilepsie-ähnlicher Erregung und Verwirrtheit. Die Äußerungen, die der Berauschte im Trance-Zustand von sich gibt, gelten als Beweis der Besessenheit durch den „Fetisch“ und werden als Prophezeihungen gedeutet.

Schon im Jahre 1901 gelang es französischen Forschern, einen Stoff kristallin aus der Wurzel zu isolieren. Sie nannten ihn *Ipogain.* Aber 56 Jahre vergingen, bis den Chemikern die Strukturaufklärung des Ipogains gelang. Es handelt sich, wie wir es von den Inhaltsstoffen der Hundstodgewächse mittlerweile schon gewohnt sind, um ein Alkaloid, und zwar genauer um ein Indol-Alkaloid. Dieser Strukturtyp ist unter den Alkaloiden weit verbreitet. Wir werden ihm später noch bei vielen anderen halluzinogen wirkenden Rauschgiften begegnen. Vorläufig wollen wir uns mit dieser Feststellung begnügen. Das gleiche Grundgerüst besitzen übrigens auch alle anderen Alkaloide, die in der Zwischenzeit noch aus der Droge und einigen mit ihr verwandten Arten isoliert wurden. Sie stellen geringfügige chemische Varianten des Ipogains dar und zeigen pharmakologisch identische oder sehr ähnliche Wirkungen.

Die ersten Tierversuche mit den Reinalkaloiden bestätigten zunächst die zentral stimulierende Wirkung. Bei hohen Dosen kam es bei Mäusen zu Erregungszuständen, Sprungkrämpfen, starkem Zittern, Schwanzschlagen und Laufbewegungen in Seitenlage. Als Nebenwirkungen beobachtete man bisweilen Blutdrucksenkung und Herzrhythmus-Störungen. Vor noch nicht langer Zeit hat man nun in einer Schweizer Klinik Versuche an Testpersonen durchgeführt. Von den Testpersonen hatten einige elementare optische Halluzinationen, wie Schneegestöber, Flimmererscheinungen, bewegte Spiele von Lichtflecken usw. Die Versuchspersonen fühlten sich müde, von einem Schweregefühl durchdrungen und gleichgültig, aber sie empfanden keine Euphorie. Bei keiner Person kam es zu einem Zustandsbild, wie es für Modellpsychosen typisch ist. Insbesondere fehlten tiefgreifende Änderungen des Erlebens und des Ausdrucksverhaltens. Dieses Resultat wich damit deutlich von dem ab, was man auf Grund der Berichte aus der Literatur erwartet hatte. Entweder enthalten die von den Eingeborenen verwendeten Pflanzenteile außer den isolierten und untersuchten Alkaloiden noch andere psycho aktive Substanzen oder wir haben die schon so häufig beobachtete Erscheinung vor uns, daß die Eingeborenen auf diese Alkaloide anders reagieren als die Europäer. Auch veränderte Umwelt- und Situationsbedingungen, unter denen die Einnahme dieser Droge erfolgt, können für diese starke Abweichung mit verantwortlich sein. Außerhalb Zentralafrikas ist daher die Droge weder als Rauschgift noch als Arzneimittel bekannt geworden.

Dasselbe Schicksal teilt mit ihr eine Rauschgiftpflanze, die immer im Schatten des Opiums gestanden hat und in den sumpfigen Wäldern Malayas, Thailands und Neu Guineas zu Hause ist. Sie galt lange Zeit als Opium-Ersatz, ja man behauptete, die Droge sei ein sicheres Heilmittel gegen die Opiumsucht. Wahrscheinlich waren die Nebenwirkungen geringer als bei Opium, ohne daß man auf den halluzinogenen Effekt verzichten mußte. Der bis zu 20 m hohe Baum, mit seinen stark gerippten Blättern

(Abb. 30), lat. *Mitragyna speciosa,* gehört botanisch in die gleiche Pflanzenfamilie wie der Kaffeestrauch. Von diesem Baum gibt es auch in Afrika und Indien viele Abarten. Die Blätter werden als Arzneimittel gegen verschiedene Krankheiten verwendet, aber nur die des thailändischen Mitragyna-Baumes sollen die Rausch-

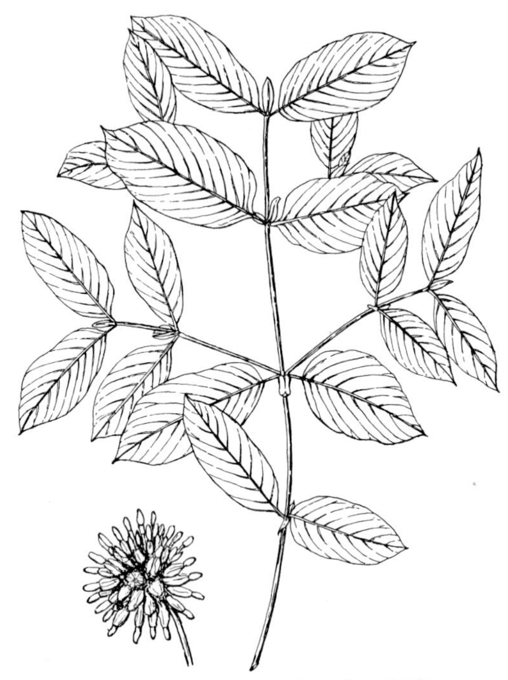

Abb. 30. Mitragyna — Sproß und Blüte

gifte besitzen. Sie werden in frischem Zustand gekaut und nach dem Trocknen geraucht. Deutliche Nebenwirkungen wurden bisher nur bei starker Überdosierung beobachtet. In solchen Fällen kommt es mitunter zu Muskelstarre, Erbrechen und Herzstörungen. Das wirksame Prinzip der Droge wurde schon im Jahre 1921 isoliert, aber als solches erst viel später erkannt. Chemisch ist die als *Mitragynin* bezeichnete Verbindung wieder ein Alkaloid, mit der Grundstruktur des Indols bzw. Tryptamins. Wenn wir die Reaktionen, die das isolierte Mitragynin im Tierversuch auslöst, mit denen anderer Rauschgift vergleichen, so ähnelt es am meisten dem Kokain. Wie dieses erhöht es die Erregbarkeit der motorischen Zentren des Zentralnervensystems. Da aber nach dem Genuß der Droge auch halluzinäre Erlebnisse zu beobachten sind, ist es wohl nicht gerechtfertigt, die Droge zu den Euphorica zu zählen. Dagegen spricht auch die „halluzinogene“ Struktur des Mitragynins und seiner Begleitalkaloide.

VII. Halluzinogene Rauschgiftdrogen der Neuen Welt (Mexiko, Mittel- und Südamerika)

1. Peyotl — Mescalin

Unter den Rauschgiftdrogen nimmt der Peyotl eine botanische Sonderstellung ein. Es handelt sich nämlich um einen *Kaktus*. In seinem Aussehen ähnelt er einem krautlosen kleinen Rettich, dessen Oberteil halbkugelig aus dem Boden ragt. Von seinen Artgenossen, den Kugelkakteen, unterscheidet er sich auffällig nur durch seine Stachellosigkeit (Abb. 31). Seinen Scheitel zieren zur Blütezeit einige hellrosa gefärbte Blütenrosetten. Die Heimat dieses kleinen, graugrünen Kaktus ist die Wüste Mexikos und die Gegend des Rio Grande del Norte (Abb. 33). Sein häufiges Auftreten in der Nähe des Ortes San Jesus Peyote im mexikanischen Staate Cohahuila soll ihm den Namen Peyot, Pellote oder Peyotl (Endung tl nachgestellter aztekischer Artikel) eingetragen haben. Wahrscheinlicher ist aber, daß der Ort dem Kaktus seinen Namen verdankt. Im Aztekenvokabular heißt nämlich Peyotl soviel wie Seidengespinst oder Raupenkokkon. Vielleicht bezieht sich dies auf die feine Behaarung des Kaktus. Denkbar wäre auch, daß hiermit im übertragenen Sinne das „Hirngespinst“, das Gespenstersehen, gemeint ist, das der Rausch-Kaktus erzeugt.

Fast alle im Handel erhältlichen Peyots stammen aus der genannten Gegend und noch heute stellt es das Zentrum der Peyotl-Gewinnung dar. Schon die Ureinwohner wußten, daß nicht der gesamte Kaktus Rauschgift enthält. Am wirksamsten ist das chlorophyllhaltige Mittelstück. Man erntet im Oktober, schneidet das Mittelstück in Scheiben und bringt diese in getrocknetem Zustand als sogenannte *Mescal buttons* in den Handel. Wie es zu dieser Bezeichnung für die Peyotl-Scheiben kam, ist unklar. Im mexikanischen Sprachgebrauch der damaligen Zeit verstand man

Abb. 31. Peyotl — Kaktus

nämlich unter Mescal oder mexcalli die Agave maguey. Aus dieser Pflanze wird auch heute noch die sogenannte Pulque, ein Agavenschnaps, und hieraus durch Destillation das Mescal gewonnen. Mescal hat demnach nichts mit den Mescalbuttons oder dem hieraus später isolierten Alkaloid Mescalin zu tun.

Die Gewinnung des Peyotl geht weit in die Geschichte der Azteken zurück, ohne daß man genau angeben könnte, wann und wo die Zauberkraft dieser Pflanze erstmals entdeckt wurde. Wir wissen aber, daß sie primär zu Kulthandlungen benutzt wurde. Die Indianer sahen im Peyotl ein Mittel, um mit ihren Göttern in Berührung zu kommen und verehrten diese Pflanze wie ein göttliches Wesen. Bezeichnend für den Rauschcharakter dieses Peyotl ist, daß sich der Peyotl-Kult später unter dem christlichen Einfluß wiederbelebt hat. So wurde 1911 von den Weißen in Oklahoma eine Sekte unter dem Deckmantel einer „national-amerikanischen Kirche“ gegründet, in deren Ritual anstelle des Abendmahls Mescal buttons ausgeteilt wurden. Als die Christianisierung Mexikos einsetzte, wurde daher der Peyotl-Kult als Machwerk des Teufels angeprangert und der Genuß von Peyotl verboten. Wie gefährlich man damals diesen Kult für die katholische Lehre hielt, mag aus einigen Fragen ersichtlich sein, die Pater NICOLAS DE LEÓN in seinem Werk „Camino de Cielo“ (1611) für einen Beichtvater an seine Beichtkinder empfiehlt. Hier steht u. a. zu lesen: „Hast Du Peyotl getrunken oder anderen zu trinken gegeben, um Geheimnisse zu erfahren, die andere still verbergen oder Gestohlenes wieder zu finden oder Verlorenes wieder zu bringen?“ ... Trotz dieser Verbote überlebte der Peyotl-Kult. Er breitete sich von 1880 an epidemieartig nunmehr auch nördlich des Rio Grande in den Vereinigten Staaten, ja sogar in Kanada aus. Förderlich für diese Verbreitung im Norden war einmal das damals bestehende Alkoholverbot und der Umstand, daß der Peyotl-Genuß in den Nordstaaten gesetzlich nicht verboten war. Um sicher zu sein vor der zunehmenden Verfolgung durch die Missionare, wurde schließlich die schon erwähnte national-amerikanische Kirche gegründet. Wir dürfen wohl annehmen, daß die vom Historiker bezeugte Zahl von 13 000 Peyotl-Anhängern im Jahre 1922 in Wirklichkeit weit größer gewesen war.

Wie groß ist heute noch seine Anhängerschaft? Im Herkunftsland ist der Peyotl-Kult unter den Indianern und Einheimischen bis auf einige entlegene Gebiete im Norden Mexikos kaum noch lebendig. Der viel leichter zugängliche und billigere Alkohol hat den Rauschkaktus fast völlig verdrängt. Liebhaber dieser Droge finden wir heute vereinzelt noch in Amerika und Europa, vor allem in Kreisen der Intelligenz, bei Künstlern und Schriftstellern. Zu den glühendsten Verehrern dieser Droge gehörte der englische Schriftsteller ALDOUS HUXLEY. In seinem Buch „The Doors of Perception“ (Die Pforten der Wahrnehmung [1]) gibt er eine meister-

[1] R. Piper u. Co.-Verlag, München.

hafte Darstellung des Mescalinrausches. Huxley benötigte zu seinen Selbstversuchen allerdings keine Mescal buttons mehr, sondern bediente sich des heute synthetisch leicht zugänglichen, reinen Wirkstoffes des Peyotls, des Mescalins.

Die chemische Erforschung des Peyotl-Rauschgiftes begann damit, daß im Jahre 1892 Karl Lumholtz mehrere Mescal buttons an die Harvard-Universität zur genauen botanischen Bestimmung sandte. Es handelte sich bei dem Kaktus um *Lophophora williamsii* (= Anhalonium lewinii). Chemisch wurde diese Droge erstmals von dem Berliner Pharmakologen L. Lewin in den Jahren 1888 bis 1894 untersucht. Er fand in dieser Kaktee eine sirupartige, narkotisch wirkende Substanz, die er als Anhalonin bezeichnete. Einige Jahre später, 1896, glückte dem Chemiker Heffter die Isolierung von vier Substanzen, von denen eine, das Mescalin, mengen- und auch wirkungsmäßig die wichtigste war. Getrocknete Mescal buttons enthielten allein 4 bis 7% dieses Mescalins. Die chemische Strukturaufklärung des Mescalins und seine Synthese war dem Wiener Chemiker Späth im Jahre 1919 vorbehalten. Verglichen mit dem Wirkstoff des Haschisch oder dem Morphin ist das Mescalinmolekül einfach aufgebaut. Es besteht aus einem aromatischen Ring, der in symmetrischer Anordnung 3 OCH_3-Gruppen (Methoxygruppen) besitzt. Angehängt ist eine Seitenkette mit 2 CH_2- und einer NH_2-Gruppe. Der Chemiker spricht dieses Mescalin als ein *3,4,5-Trimethoxyphenyl-β-aminoäthan* an (Abb. 32). Das Mescalin fällt bei der Isolierung und Synthese als farbloses, bitter schmeckendes Öl an. Es läßt sich aber leicht in Salz überführen, das dann kristallin ist und weiß aussieht. Die anderen im Peyotl-Kaktus in der Zwischenzeit aufgefundenen Verbindungen — es sind mittlerweile schon über 10 geworden — haben als besonderes Merkmal, daß in ihnen die Stickstofftragende Seitenkette zu einem zweiten Ring geschlossen ist. Diese geringfügige Veränderung des Moleküls reicht aus, um diesen Verbindungen jede Rauschwirkung zu nehmen. Somit vereinigt das Mescalin in sich das gesamte Wirkprinzip des Peyotl-Kaktus.

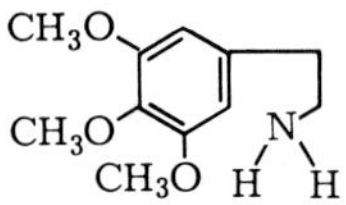

CH_3O CH_3O CH_3O N H H

Mescalin

Abb. 32

Der Verlauf des Mescalinrausches ist stark von der eingenommenen Mescalinmenge abhängig. 0,1 bis 0,2 g erzeugen Veränderungen der Sinneseindrücke und ein Gefühl des Wohlbehagens. Zu diesem Wohlbehagen gesellt sich eine beschwingte Heiterkeit, die durch alle möglichen Gegenstände der nächsten Umgebung ausgelöst werden kann. Mitunter reizen die durch das Rauschgift hervorgerufenen Sinnestäuschungen die Versuchspersonen zu schallendem Gelächter oder derben Scherzen. In den meisten Fällen nimmt die Euphorie einen feierlichen Charakter an. Das Glücksgefühl, das den Berauschten umfängt, ist schwer zu beschreiben. „Ausdrücke, wie ‚frühlingshaft', ‚gelöst', ‚kosmisch' oder ‚harmonisch' sind nur mangelhafte Verdeutlichungsmittel für das Erlebte." Während sich der Mescalinberauschte bei geringen Dosen noch sachlich beobachten kann, verändert sich mit steigenden Mescalindosen (0,3 bis 0,6 g) die gesamte Bewußtseinslage so stark, daß alle Erlebnisse und Visionen getrennt vom eigenen Ich empfunden werden. Der Berauschte fühlt sich zeit-, wunsch- und erinnerungslos. Hören wir, was HUXLEY aus dem Erfahrungsschatz seiner Mescalinvisionen zu sagen hat:

„In manchen Fällen kommt es zu außersinnlichen Wahrnehmungen, andere Menschen entdecken eine Welt, wie sie in ihrer Schönheit bisher nie erlebt wurde, vielen anderen enthüllt sich die Herrlichkeit, der unendliche Wert und die unendliche Bedeutungsfülle der bloßen Existenz und des gegebenen, nicht in Begriffe gefaßten Ereignisses. Im letzten Stadium der Ichlosigkeit kommt es zu einer dunklen Erkenntnis, daß das All in allem, daß alles tatsächlich jedes ist. Weiter kann vermutlich ein endlicher Geist nicht darin gelangen, alles wahrzunehmen, was irgendwo im Weltall geschieht."

Ein Charakteristikum des Mescalins scheint außerdem die Veränderung des Gesichtssinnes zu sein. Eine lebendige Schilderung derartiger Visionen haben wir von HAVELOCK ELLIS.

„Die Luft schien mit einem unbestimmten Parfüm erfüllt ... ich sah prächtige Felder, dick mit Edelsteinen besäht, einzelnen und ganzen Trauben, zuweilen von funkelndem Glanz, manchmal von schwacher mattroter Glutbahn. Sie entfalteten sich dann unter meinem Blick hochauf zu blütengleichen Formen und schienen sich in prächtige Schmetterlingsgestalten zu verwandeln, oder in endlose Falten glitzender, bunt schillernder, faseriger Flügel wunderhübscher Insekten. Ich war erstaunt, nicht nur über die enorme Fülle der Bilder, die sich meinen Augen boten, sondern mehr noch über ihre Vielfalt."

Von vielen Versuchspersonen wissen wir, daß diese Visionen auch bei geschlossenen Augen oder in einem dunklen Zimmer auftreten. Aber auch diese Halluzinationen sind an das Vorhandensein optischer Erinnerungsbilder, d. h. an das sehende Auge gebunden. Bei blind Geborenen zum Beispiel löst das Mescalin keine bildhaften Sinnestäuschungen aus. Es kommt hier in einigen Fällen zu einer Veränderung der Raumwahrnehmung oder zu der Anwesenheit eines übernatürlich großen Mannes, der aber nicht richtig gesehen, sondern nur empfunden wird. Geruchs- und Geschmackshalluzinationen sind selten. Dagegen ist der Tastsinn stark verfeinert. Kleine Unebenheiten auf dem Boden werden an den Fußsohlen deutlich empfunden. Der Inhalt der Westentasche drückt. Feste Gegenstände findet man beim Angreifen von wachsartiger, zäher Biegsamkeit usw. Mitunter geht auch das Gefühl der körperlichen Einheit verloren. Die Versuchsperson berichtet, sie hätte das Gefühl, sie wäre nur Gesicht und der übrige Körper nicht mehr vorhanden, höchstens die Beine ganz winzig am Kinn. Die Muskeln scheinen getrennt, so daß man sie einzeln aus dem Körper herausnehmen kann und jedes einzelne Gelenk und jedes Band der Wirbelsäule glaubt man zu spüren. Interessant ist, daß es gelegentlich im Mescalinrausch bei der Reizung eines Sinnes gleichzeitig zu charakteristischen Mitempfindungen eines anderen kommt. Eine Versuchsperson sah bei geschlossenen Augen, wenn auf dem Klavier ein Ton angeschlagen wurde, gleichzeitig eine bestimmte Farbe, und zwar beim Ton C rot, bei G grün, bei F orange, bei A blau usw.

Natürlich gibt es Personen, die auch ohne ein derartiges Halluzinogen zu solchen außersinnlichen Wahrnehmungen fähig sind, aber wie selten sind sie!

Gegenüber der selig verklärten Mehrheit der Mescalin-Enthusiasten mutet die Zahl der Verächter sehr bescheiden an. Trotzdem scheint das Mescalin auch Schattenseiten zu haben und nicht jedem erschließt sich das Paradies der Farben und das selige Entrücktsein. Bei manchen stellen sich bereits zu Beginn des Rausches Übelkeit, Erbrechen und alle Anzeichen einer Katerstimmung ein. Manche empfinden das Wiedererwachen als eine beglückende Rückkehr aus einer zwar real erlebten, aber alles andere als paradiesischen Welt. Für viele war die Mescalin-Reise eine Reise zur „Hölle" oder ins „Fegefeuer".

Eine direkte Suchtgefahr scheint bei Mescalin nicht zu bestehen. Trotzdem sei nicht verschwiegen, daß man unter gewohnheitsmäßigen Peyotl-Essern des öfteren das Auftreten ernster Psychosen, ja angeblich sogar von Geisteskrankheiten beobachtet hat. In diesem Zusammenhang verdient ein Ausspruch HUXLEYS Beachtung. Er schreibt: „Der Schizophrene gleicht einem dauernd unter dem Einfluß von Mescalin Stehenden und ist daher nicht im Stande, das Erleben seiner Wirklichkeit auszuschalten." Dieser Satz erinnert daran, daß man das Mescalin zu den Rauschgift-Drogen zählt, die eine Art von Modellpsychose erzeugen können. Wenngleich Psychiater überzeugt sind, daß hier noch bedeutsame Unterschiede bestehen, so gibt dieser Vergleich doch zu denken. Schizophrene sind zwar unfähig, ihre inneren Erlebnisse durch Worte mitzuteilen, aber sie sind noch zu bildnerischen Darstellungen im Stande. Wer z. B. diese Zeichnungen und Farbbilder sieht [1] und mit den unter Mescalineinfluß entstandenen Farbkompositionen [2] vergleicht, findet in der Art der Darstellungen und in der Auswahl der Muster so viel Übereinstimmung, daß HUXLEYS Feststellungen nicht ganz von der Hand zu weisen sind.

2. Teonanacatl — Psilocybin

Folgt man dem Rio Grande del Norte stromabwärts bis zum Golf von Mexiko und nimmt ein Schiff, das an der Küste entlang nach Süden fährt, so erreicht man in gut 24 Stunden die Hafenstadt Veracruz (Abb. 33). Von hier aus hat man gleichweit zum Popocatepetl, der nordwestwärts auf dem Wege nach Mexiko City liegt und nach Oaxaca im Süden. Dieses Oaxaca ist die Urheimat der Mazateken und Zapoteken, der Chinanteken und Chichimecas. Hier kann man auch heute noch in den dichten Bergwäldern einem kleinen rötlichen Pilz begegnen, der durch seine

[1] 1966 hat die Fa. BAYER, Leverkusen, in Zusammenarbeit mit Fachgelehrten eine Ausstellung „Documenta psychopathologica" durchgeführt. Es handelt sich um eine Sammlung von Gemälden und Zeichnungen, die in verschiedenen Nervenkrankenhäusern von Schizophrenen angefertigt wurden und in ihrer Art bisher einmalig ist.

[2] 1963 von der Fa. SANDOZ, Basel, in der Reihe „Psychopathologie und bildnerischer Ausdruck" herausgegebene Sammlung von Farbbildern, die von nicht psychotischen Personen unter Einwirkung von Mescalin und anderen Halluzinogenen geschaffen wurden. 3. Serie „Die optische Halluzinose und ihre Sinngehalte" von Priv.-Doz. Dr. H. LEUNER (Göttingen).

eigenartige Hutform auffällt (Abb. 34). Sie erinnert stark an die der südamerikanischen Sombreros. Dieser Pilz genoß bei den Eingeborenen Südmexikos bis hinab nach Guatemala die gleiche göttliche Verehrung wie der Peyotl im Norden; denn auch er versetzte

Abb. 33. Die Länder Mexikos, Mittel- und Südamerikas, in denen die Halluzinogene produzierenden Rauschgiftpflanzen am meisten verbreitet sind

den, der von ihm aß, in einen Trance-ähnlichen Rausch. In der Regel wurde der Pilz nicht in getrocknetem Zustand eingenommen, sondern man bereitete daraus Auszüge, die mit Milch oder mit ortsüblichem Agavenschnaps vermischt waren. Dieser Pilz muß schon sehr früh eine religiöse Rolle gespielt haben, denn man hat bei Ausgrabungen von Maya-Städten Steinplastiken gefunden, die die Form eines Hutpilzes hatten. In dem Stiel war der Kopf oder die ganze Gestalt eines Gottes oder Dämons eingemeißelt (Abb. 35). Dies bedeutet, daß dieser Rauschpilz schon 500 bis 200 Jahre v. Chr. bei den Hochland-Mayas Verwendung gefunden haben muß. Auf diese frühe Zeit deuten auch Fresken des aztekischen Regen-Gottes Tlaloc im religiösen Zentrum von Teotihuacan und kürbisartige Tonkrüge, die in der Nähe von Oaxaca gefunden wurden. Auf beiden Kunstwerken findet man Darstellungen von Pilzen.

Dieser Rauschpilz, von den Eingeborenen *Teonanacatl* genannt (Fleisch der Götter oder göttlicher Pilz), muß aber eine weit grö-

Abb. 34. Psilocybe mexicana — Teonanacatl — „Der göttliche Pilz"

Abb. 35. Pilzstein aus der Zeit der präklassischen Maya-Kultur (550 v. Chr.—200 n. Chr.)

ßere Verbreitung als der Peyotl gehabt haben, denn nahezu alle Chronisten erwähnen ihn und geben ausführliche Beschreibungen des Rausches, den er erzeugt und wie dieser Pilz angewendet wird. Am genauesten berichtet hierüber der Franziskanerpater BERNARDINO DE SAHUGUN in seinem Werk „Historia General de las Cosas de Nueva España". Er schreibt von den Chichimeca-Indianern:

„Sie verwenden eine Pilzart, Teonanacatl genannt, aus der sie ein Gebräu herstellen. Sie betrinken sich damit, steigen auf die Berge, schreien, singen und tanzen. Am anderen Tage aber weinen sie unmäßig. Sie sagen, daß diese Tränen dazu dienen, um die Visionen, die sie hatten, aus den Augen zu waschen ... Er (der Pilz) wirkt berauschend, erzeugt Visionen und reizt zu unzüchtigen Handlungen ... Wenn sie sich mit ihnen (den Pilzen) trunken gemacht haben, beginnen sie erregt zu werden. Sie haben Visionen, in denen sie sich selbst sterben sehen und das tut ihnen bitterlich leid. Andere wieder erschauen Szenen, wo sie von wilden Tieren überfallen werden und glauben aufgefressen zu werden. Einige haben schöne Träume, meinen sehr reich zu sein und viele Sklaven zu besitzen. Andere aber recht peinliche: Sie haben so das Gefühl, als seien sie bei einem Ehebruch erwischt worden oder als wären sie arge Fälscher und Diebe, die nun ihrer Bestrafung entgegen sehen."

Es ist nicht zu übersehen, daß diese Berichte darauf abzielten, diesen Pilz als Teufelswerk anzuprangern. Eine von einem Chronisten vertretene Ansicht, der Pilz sei mit dem bekannten Peyotl identisch, mag das übrige getan haben, die Spuren dieses indianischen Pilzkultes für Jahrhunderte völlig zu verwischen. Man schrieb das Jahr 1920, als Prof. VICTOR A. REKO in seinem Buch „Magische Gifte" als erster wieder die Ansicht vertrat, daß der Teonanacatl doch ein Pilz sei. REKO hatte allerdings noch keinerlei Beweise für diese Behauptung. Diese konnte dann erst 1936 der Ingenieur WHITELAND aus Mexiko City bringen. Er gelangte in den Besitz einiger Pilzexemplare, die im Nordosten Oaxacas zu nächtlichen Zeremonien verwendet wurden und schickte sie an das Botanische Museum der Harvard-Universität. Die Bestimmung ergab, daß der Pilz zur Gattung *Panaeolus* gehören müsse. Ein anderer von Prof. R. E. SCHULTES gesammelter Pilz wurde als *Panaeolus sphinctrinus* identifiziert. Aber noch gab der „göttliche Pilz" sein Geheimnis nicht preis. Tierversuche an Fröschen und Mäusen in der pharmakologischen Abteilung des Karolinska-Institutes in Stockholm bestätigten zwar seine narkotische Wirkung, aber die chemischen Untersuchungen blieben in den ersten Anfängen stecken, nicht zuletzt, weil man zu wenig Pilzmaterial hatte.

Nun geschah etwas, wodurch Wissenschaftler schon oft beschämt, aber auch in ihren Arbeiten entscheidend gefördert wurden. Amateure bemächtigten sich dieses interessanten Forschungsobjektes. R. C. GORDON WASSON, ein Bank- und Börsen-Fachmann, Vizepräsident der J. P. Morgan-Trustee Co. in New York und seine Frau VALENTINA PAVLOVNA, eine Kinderärztin, beschäftigten sich in der Freizeit mit Pilzen, und zwar interessierten sie sich für die Bedeutung, die die Pilze in der Kulturgeschichte der verschiedenen Völker besaßen. Nach einem genauen Quellenstudium unternahm das Forscher-Ehepaar mehrere Expeditionen in die Provinz Oaxaca. Was vielen bisher versagt geblieben war, erlebten WASSON und sein Begleiter, der Photograph A. RICHARDSON im Jahre 1955. In einem entlegenen Bergdorf Huautla de Jimenez nahmen beide, vermutlich als erste Weiße, an einer nächtlichen Pilzzeremonie teil. Die Handlung wurde von einer mazatekischen Priesterin und Wahrsagerin geleitet. Sie bestand darin, daß die Vorsteherin vor einem Altar unter dem Hersagen von Gebeten Pilze aß und davon auch den anderen Teilnehmern anbot. Was WASSON und sein Begleiter in den nun folgenden 10 Stunden an mystischen Visionen erlebten, übertraf die kühnsten Erwartungen und bestätigte, daß alle früheren Erzählungen auf Wahrheit beruhen mußten. Daraufhin wandte sich WASSON wegen einer genauen botanischen Bestimmung dieses Rauschpilzes an den bekannten Pilzforscher Professor HEIM in Paris. Dabei stellte sich heraus, daß offenbar verschiedene Pilzarten mit halluzinogenen Eigenschaften existierten, die von den Eingeborenen verwendet wurden. Sicher war nur, daß sie alle zur Gruppe der *Blätterpilze* (Agaricaceae) gehörten. Das sind Pilze mit der klassischen Hutform und einem Hymenium auf der Unterseite, das aus zarten, radial verlaufenden Blättchen besteht. Dieses Hymenium produziert Sporen und aus diesen geht später wieder das Pilzmycel hervor. Die genaue botanische Bestimmung des wichtigsten Pilzes lautete *Psilocybe mexicana*. Da viele Pilze dieser Gattung eine kugelige Hutform besitzen, bezeichnet man den Psilocybe-Pilz bei uns als „Kugelkopf“ oder wegen seiner glatten Oberfläche gelegentlich auch als „Kahlkopf“.

Damit war zwar etwas sehr Wesentliches geklärt, aber die Frage der Materialbeschaffung noch nicht gelöst. Natürliches Material aus den Bergwäldern war nicht in genügendem Maße zu beschaffen, abgesehen davon, daß es nie gelungen wäre, einheitliches Pilzmaterial zu erhalten. Der einzige Ausweg war daher, die Züchtung des Pilzes im Laboratorium zu versuchen. Aber nicht alle Pilze lassen sich künstlich so leicht heranziehen wie etwa Champignons. Die meisten benötigen spezielle Nährböden und die richtige Konzentration an künstlichen Nährstoffen. In langwierigen Versuchen fand Prof. HEIM heraus, daß nur auf 1%igen Nährlösungen die Fruchtkörper des Pilzes wuchsen. Man ging noch einen Schritt weiter. Man prüfte, ob auch das Hyphengeflecht, aus dem der eigentliche Pilzkörper entsteht, wirksame Verbindungen enthielt. Ein Selbstversuch verlief positiv. Das war von großer praktischer Bedeutung, denn das Mycel, das eben erwähnte Gespinst von Pilzfäden (Hyphen), ließ sich viel schneller und in größerer Menge züchten als die Fruchtkörper.

Dem Pilzforscher und Botaniker folgten auf dem Fuß die Chemiker. Man übergab das kostbare Material dem Chemiker Dr. HOFMANN, der das pharmazeutische Laboratorium der Firma Sandoz in Basel leitete. HOFMANN begann damit, womit jeder Naturstoffchemiker beginnt, wenn er einen pharmakologisch aktiven, aber noch unbekannten Stoff aus einer Pflanze gewinnen will.

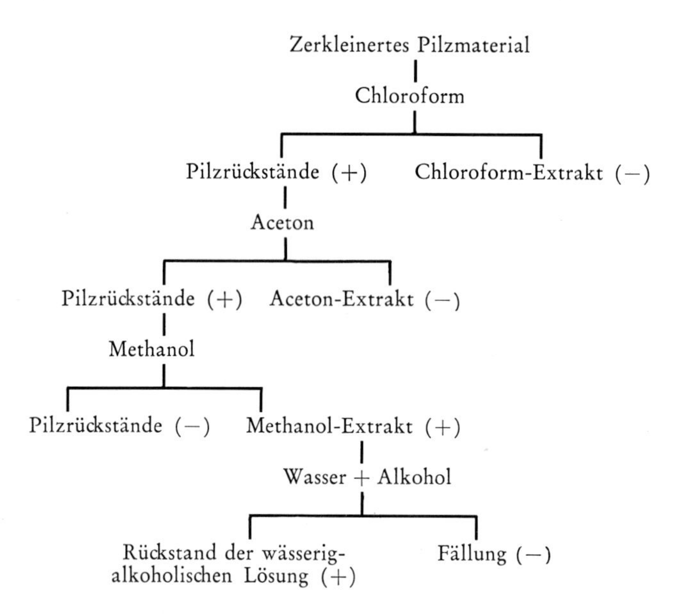

Abb. 36. Extraktionsschema für die Teonanacatl-Wirkstoffe nach Dr. HOFMANN. Die mit (+) bezeichneten Fraktionen besaßen deutliche halluzinogene Wirkung, während die (—) Fraktionen ohne Wirkung waren

Er suchte nach einem geeigneten Test an der Maus, der Ratte, dem Hund, der Katze oder einem anderen Tier, manchmal auch an isolierten tierischen Organen, um den Wirkstoff bei der Aufarbeitung verfolgen und anreichern zu können. Wir beginnen beispielsweise eine Droge mit Chloroform auszuziehen. Dann testen wir diesen Auszug und den nicht extrahierbaren Rückstand. Zeigt nun der Chloroform-Auszug am Tier keinerlei Wirkung, so kann man den Chloroform-Auszug verwerfen und setzt die Weiterfraktionierung mit dem Rückstand fort. Auf diese Weise gelingt es in den meisten Fällen einen Wirkstoff anzureichern und schließlich rein darzustellen. Die Tests am Tier waren aber bei unserem Rauschpilz nicht brauchbar. Die Resultate waren nicht eindeutig genug. Und da Dr. HOFMANN zweifelte, ob die im Laboratorium kultivierten Pilze überhaupt Wirkstoffe enthielten, entschloß er sich zu einem Selbstversuch. Er aß 32 mittelgroße getrocknete Pilze mit einem Gesamtgewicht von 2,4 g. Wie sich später herausstellte, war diese die 20fache Menge, die nötig gewesen wäre. Die Wirkung, die HOFMANN verspürte, war jetzt mehr als eindeutig. Ein Auszug aus dem Versuchsprotokoll, das angefertigt wurde, gibt einen Eindruck von der Art und Stärke dieses Rauschzustandes.

„Nach einer halben Stunde begann sich die Außenwelt fremdartig zu verwandeln. Alles nahm einen mexikanischen Charakter an. Da ich mir voll bewußt war, daß ich aus dem Wissen über die mexikanische Herkunft dieser Pilze mir mexikanische Szenerien einbilden könnte, versuchte ich bewußt meine Umwelt so zu sehen, wie ich sie normalerweise kannte. Alle Anstrengungen des Willens, diese Dinge in ihren altvertrauten Formen und Farben zu sehen, blieben jedoch erfolglos. Mit offenen und bei geschlossenen Augen sah ich nur indianische Motive in Farben. Als der den Versuch überwachende Arzt sich über mich beugte, um den Blutdruck zu kontrollieren, verwandelte er sich in einen aztekischen Opferpriester und ich wäre nicht erstaunt gewesen, wenn er ein Messer aus Obsidian gezückt hätte. Trotz des Ernstes der Lage erheiterte es mich, wie das allemanische Gesicht meines Kollegen einen rein indianischen Ausdruck angenommen hatte. Im Höhepunkt des Rausches, etwa 1½ Stunden nach der Einnahme der Pilze, nahm der Ansturm der inneren Bilder, es waren meist abstrakte, in Form und Farbe rasch wechselnde Motive, ein derart beängstigendes Ausmaß an, daß ich fürchtete, in diesen Wirbel von Formen und Farben hineingerissen zu werden, um mich darin aufzulösen. Nach etwa 6 Stunden ging der Traum zu Ende. Subjektiv hätte ich nicht angeben können, wielange dieser ganz zeitlos erlebte Zustand gedauert hatte. Das Wiedereintreten in die gewohnte Wirklichkeit wurde wie eine beglückende Rückkehr aus einer fremden, aber ganz real erlebten Welt in die altvertraute Heimat empfunden."

Der Mensch war also in diesem Fall dem Tier an Empfindlichkeit weit überlegen. Die Wirkung war auch bei niedrigster Dosierung zuverlässig genug, um wirksame Fraktionen von wirkstofffreien Fraktionen zu unterscheiden. Nach dem angegebenen Schema (Abb. 36) gelang es HOFMANN, ein Gemisch von 4 Verbindungen anzureichern. Nur zwei riefen bei Testpersonen Rauschzustände hervor. Beide Verbindungen wurden kristallin erhalten und als *Psilocybin* und *Psilocin* bezeichnet (Abb. 37). Sie enthielten beide Stickstoff, zeigten basische Eigenschaften und leiteten sich vom Indol als Grundgerüst ab (Abb. 37). Dieses Indolgerüst

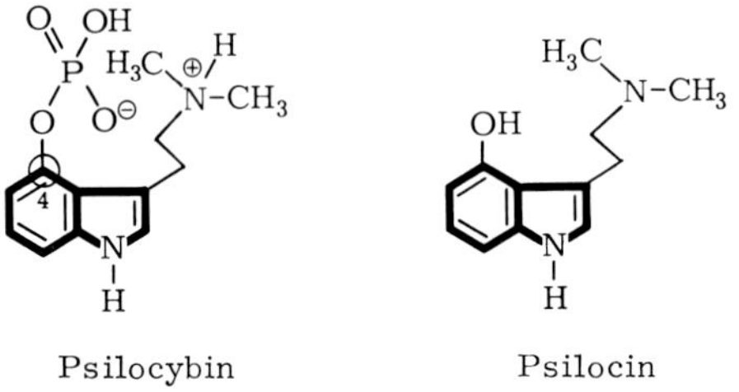

Psilocybin Psilocin

Abb. 37. Teonanacatl-Wirkstoffe

selbst kann man sich zusammengesetzt denken aus dem bekannten sechsgliedrigen Benzolring und einem stickstoffhaltigen 5-Ring, im Formelbild durch dicke Striche hervorgehoben. Während beide Verbindungen noch eine stickstoffhaltige Seitenkette besitzen, wodurch das Indol chemisch zum Tryptamin wird, enthält das Psilocybin noch Phosphor in seinem Molekül. Das war etwas ungewöhnliches, denn bisher kannte man keinen Naturstoff dieses Typs, der Phosphor in seinem Molekül führte. Dafür war aber das Indolgerüst als Strukturprinzip von Naturstoffen sehr wohl bekannt. Es kommt zum Beispiel in den Alkaloiden des Mutterkorns vor und gerade in dieser Stoffgruppe kannte sich Dr. HOFMANN bestens aus. Bevor er sich nämlich mit dem Rauschpilz beschäftigte, waren die Mutterkorn-Alkaloide sein Hauptforschungsgebiet. Der Pilz hatte also seinen Meister gefunden. Schon nach kurzer Zeit konnten daher die beiden Verbindungen, das Psilocybin und Psilocin, chemisch aufgeklärt und auch synthetisch dargestellt werden. Damit war die Entzauberung des göttlichen Pilzes gelungen und der Pilz aus den Bergwäldern Süd-Mexikos wurde nicht mehr benötigt.

Nach diesem glänzenden Erfolg untersuchte man auch noch andere Pilze der Gattung Psilocybe und siehe da, einige enthielten halluzinogene Wirkstoffe, wenn auch in geringerer Konzentration. Ihre botanischen Namen sind *Psilocybe cerulescens und P. semilanceata.* Den letztgenannten trifft man gelegentlich auch bei uns in Deutschland, aber niemals hat man etwas über seine Verwendung als Rauschgift gehört. Dagegen ist sicher, daß gelegentlich auch Pilze der Strophariaceen-, Cantharellaceen- und Coprinaceen-Familie (Abb. 38) von den Indianern zu rituellen Zwecken benutzt wurden.

Familie	Strophariaceae	Cantharellaceae	Coprinaceae
Gattung Art	Psilocybe mexicana Psilocybe cerulescens Psilocybe semilanceata Stropharia cubensis	Conocybe- Arten	Panaeolus-Arten Bathyrella-Arten

Abb. 38. Blätterpilze (Agaricales), in denen Halluzinogene nachgewiesen wurden

Das reine Psilocybin wirkt am Menschen bereits in einer Menge von 10 mg. Es ist damit etwa 50mal stärker wirksam als das Mescalin. Interessanterweise ist es auch 2,5mal weniger giftig als der Peyotl-Wirkstoff. Das Psilocybin ist dem Mescalin in der Wirkung sehr ähnlich, obwohl es chemisch mit ihm nicht verwandt ist. Nach 20 bis 30 Minuten kommt es zu einer subjektiv als angenehm empfundenen geistigen und körperlichen Entspannung. Es folgt ein Gefühl der körperlichen Leichtigkeit und die Empfindung, von der Umgebung losgelöst zu sein. Wie beim Mescalin steigert sich dieses Gefühl bei höherer Dosierung (6 bis 12 mg) zu einem veränderten Erleben von Zeit und Raum, zu Illusionen und Halluzinationen. Hinzu kommt eine eigenartige Überempfindlichkeit, bei der das bloße Berühren des Körpers von dem Berauschten als absolut störend und lästig empfunden wird.

Wieder wie beim Mescalin kommt es im Psilocybin-Rausch zur Auflösung der dreidimensionalen Alltagsrealität. Ein Gefühl überwältigender Liebe, Freude und Religiosität beherrscht das Geschehen. In diesem Zusammenhang verdient ein Experiment Erwähnung, das vor Jahren an der Harvard-Universität mit dem Ziel durchgeführt wurde, etwas über den mystischen Bewußtseinsinhalt dieses Rauschgiftes zu erfahren. Man gab Theologie-Studenten etwa eine Stunde vor Beginn eines Freitags-Gottesdienstes Psilocybin. Nach Abklingen der Rauschsymptome, etwa 5 Stunden später, wurden die Studenten nach ihren Erlebnissen befragt. Übereinstimmend urteilten alle, daß sie visionäre Erlebnisse hatten, wie sie von den Mystikern des Mittelalters beschrieben wurden. Besonders stark trat das Erlebnis der Einheit hervor, d. h. der Einzelne geht im Ganzen auf, alles Relative mündet im Absoluten, das Subjekt wird Objekt, das Ich wird zum Du und der Mensch geht in der Gottheit auf.

Über eine andere Fähigkeit unter Psilocybineinwirkung ist kürzlich berichtet worden: Von einem Zeitungstext mit normaler Buchstabengröße (A) wurden einmal 43% (B) und ein andermal 74% (C) vom oberen Teil jeder Zeile gelöscht. 17 Studenten wurden nach oraler Gabe von 10 bis 12 mg Psilocybin auf dem Höhepunkt der Drogenwirkung auf ihre Lesefähigkeit hin getestet. Vier konnten beachtlich mehr von den unvollständigen Texten lesen, als ohne Psilocybinwirkung, bis zu 42% von C und bis zu 95% von B. Vier Testpersonen gaben sogar an, daß sie die fehlenden Buchstabenteile „tatsächlich" sehen konnten. Sie erschienen ihnen in hellem Grau und sie waren überzeugt, daß sie nicht völlig gelöscht worden waren. Das Psilocybin scheint also die komplimentierende geistige Tätigkeit oder die Umformung von Informationen in Bedeutung zu verstärken. Bestehen hier nicht augenfällige Parallelen zu den hellseherischen Fähigkeiten, die dem Pilz von den Eingeborenen nachgerühmt wurden?

Nebenwirkungen treten beim Psilocybin erst bei höherer Dosierung in Erscheinung. Es sind im wesentlichen Symptome, wie wir sie von einer massiven Atropinwirkung her kennen: starke Schweißabsonderung, Pupillenerweiterung, Atemnot und Herzbeschleunigung. Ähnlich wie bei Alkohol kommt es am nächsten Morgen häufig zu schwerer Katerstimmung.

3. Ololiuqui

In dem berühmten Werk des spanischen Arztes Dr. Francisco Hernandez „Rerum medicarum Novae Hispaniae Thesaurus“, das im Jahre 1651 erschienen ist, findet man die genaue Beschreibung einer dritten mexikanischen Rauschgiftpflanze. Sie war bei den Azteken unter dem Namen *coatl-xoxouhqui*, das heißt „grüne Schlange“ bekannt und wurde von Einwohnern der Provinz Oaxaca als Zauberdroge verwendet. Nach der Zeichnung, die von der Pflanze in dem Buch existiert (Abb. 39), war zu vermuten, daß es sich um ein Windengewächs handelt. Sicher wußte man nur, daß die Samen der Pflanze verwendet wurden. Auf diese be-

De OLILIVHQVI, ſeu planta orbicularium foliorum. Cap XIV.

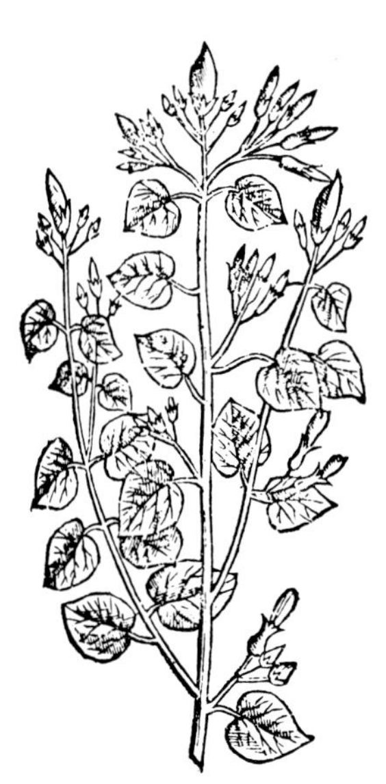

OLILIVHQVI, quam *Coaxihuitl*, ſeu herbam Serpentis alij vocant, volubilis herba eſt, folia viridia ferens, tenuia, cordis figura. caules teretes, virides, tenueſq;. flores albos, & longiuſculos. ſemen rotundum ſimile Coriandro, vnde nomen. radices fibris ſimiles, calida quarto ordine planta eſt. luem Gallicam curat. dolores è frigore ortos ſedat. flatum, ac præter naturam tumores diſcutit. puluis reſina mixtus pellit frigus. luxatis aut fractis oſſibus, & lumbis fœminarum laxis, aucto robore mirum auxiliatur in modum. Seminis etiam eſt vſus in medicina, quod tritum, ac deuoratum, illitumq; capiti, & fronti, cum lacte & *Chilli*, fertur morbis oculorum mederi. deuoratum verò, venerem excitat. Acri eſt ſapore, & temperie, veluti & planta eius, impensè calida. Indorum ſacrifici cum videri volebant verſari cum Superis, ac reſpōſa accipere ab eis, ea veſcebātur planta, vt deſiperent, milleq; phantaſmata, & dæmonū obuersātium effigies circumſpectarent. qua in re Solano maniaco Dioſcoridis ſimilis fortaſſe alicui videri poſſit.

Abb. 39. In dem Buch „Rerum medicarum Novae Hispaniae Thesaurus, seu plantarum, animalium, mineralium mexicanorum historio“ des spanischen Arztes Hernandez findet sich die erste Darstellung der mexikanischen Trichterwinde und eine genaue Beschreibung seiner Verwendung

ziehen sich auch die verschiedenen Namen, die heute noch bei den Einwohnern im Gebrauch sind; *Ololiuqui* (kleines rundes Ding) ist die wichtigste Sammelbezeichnung. Daneben findet man auch „Piule“, „Bador“, „Badoh negro badungas“ oder „Semilla de la Virgin“, um nur einige Namen zu nennen. Da die Samen auch heute noch von einigen Indianerstämmen verwendet werden, wissen wir ziemlich genau, wie der Rauschtrank zubereitet wird. Man zerreibt oder zerquetscht die kleinen steinharten Samen zu feinem Pulver, läßt sie in Agavenmost oder Tepache, einem aus Ananas und Pulque hergestellten Getränk, kurz quellen, filtriert durch einen Stoffseiher und fertig ist das Getränk. Nur durch diese Aufbereitungsart erhält man ein wirksames Präparat. Die Einzeldosis beträgt je nach Wirkstoffgehalt 7 bis 20 Samen, wobei die schwarzen stärker wirksam sein sollen als die braunen. Offenbar war dieser Unterschied in der Wirkung so konstant, daß man die schwarzen Samen fortan immer für die Männer reservierte und die braunen den Frauen überließ. Daher auch die Bezeichnung macho (span. = männlich) für die schwarzen und hembra (span. = weiblich) für die braunen Samen.

Ololiuqui wurde in erster Linie zu religiösen Zeremonien verwendet. So schreibt HERNANDO RUIZ DE ALARCÓN:

„Es ist verwunderlich, welches Vertrauen die einfältigen Indios zu ihm haben. Sie schreiben ihm Wunderkräfte zu. Sie befragen ihn (den eingenommenen Samen) wie ein Orakel und halten Zwiesprache mit ihm, um zu erfahren, was sie zu wissen begehren, oft Sachen, die man mit dem menschlichen Verstande gar nicht zu erkennen vermag, wie Verlauf ihres zukünftigen Lebens oder Ort, wo sich verlorene oder gestohlene Gegenstände befinden ...“.

Auch in der Heilkunde, z. B. um die Ursache einer Krankheit und die Art ihrer Behandlung zu erkunden, spielte die Droge eine bedeutende Rolle. Wie dieses Zeremoniell im einzelnen verläuft, hat WASSON nach den Angaben einer „Curandera“, einer Art von „Gesundheitsbeterin“ aufgezeichnet.

Er schreibt:

„Wenn der Aufguß (aus dem Ololiuqui-Samen) durch ein sauberes Stoffläppchen geseiht war, mußte ein Kind in einer Schale den Trank dem Kranken überbringen. Währenddessen wurde Weihrauch abgebrannt. Die Curandera betete drei Vaterunser und drei Ave-Maria. Nachdem der Patient getrunken hatte, legte er sich nieder. Schale und Weihrauchkessel wurden neben dem Bett abgestellt und das Kind blieb mit der Curandera neben dem Bett stehen. Sie paßten auf, was der Patient äußerte. Wenn der Patient schon auf dem Weg der Besserung war, blieb er liegen. War dies nicht der Fall, stand der Patient auf und legte sich vor dem Altar nieder. Hier verweilte er einige Zeit, erhob sich dann wieder und ging zu seinem Bett zurück. Bis zum nächsten Tag sollte er nicht sprechen. Auf diese Weise wurde ihm Alles enthüllt. Er erfuhr, welches die Ursachen der Erkrankung waren, um welche Art von Krankheit es sich handelte und wie sie behandelt werden mußte."

Soweit die Beschreibung einer Zeremonie, wie sie heute noch in verschiedenen Gegenden Mexikos üblich ist. Interessant an dieser Verwendungsart einer Rauschgiftdroge sind zwei Dinge. Erstens, wie Magie und Aberglauben von Jahrhunderten mit christlichem Gedankengut vermischt wurden und zweitens, daß man damals schon „bewußtseinserweiternde" Drogen für diagnostische und therapeutische Zwecke benutzte. Denn im Grunde genommen unterscheiden sich diese von den Indios geübten Methoden der Krankheitsfindung nicht von den modernen Verfahren der Psychoanalyse. Der Psychiater übernimmt heute die Rolle des Medizinmannes oder der Curandera und registriert, was der Kranke im Trancezustand über seine Kindheitserinnerungen und sonstigen Erlebnisse erzählt. Auf diese Weise können mögliche Ursachen für seelische und körperliche Leiden aufgedeckt und der Behandlung zugeführt werden.

Nachdem, was wir bisher über die Verwendung der Droge gehört haben, ist niemand verwundert, daß Ololiuqui auch im Sinne des heutigen „Wahrheitsserums" verwendet wurde. Man fand bald heraus, daß sich die Leute im Ololiuquirausch leicht ausfragen ließen und für jede Art von Suggestivfragen empfänglich waren. So wurde die Zauberdroge von den Medizinmännern benutzt, um Vergehen und Verbrechen aufzudecken, Geständnisse zu erpressen, Geheimnisse zu verraten und politische Entscheidungen zu manipulieren.

Man hätte glauben können, es sei ein leichtes gewesen, größere Mengen dieser Samen für eine chemische Untersuchung in die Hände zu bekommen, nachdem eine so genaue Beschreibung dieser Droge existierte. Aber das war nicht der Fall. Die Medizinmänner, denen allein die Anwendung der Droge vorbehalten war, wandten jede nur erdenkliche List an, um ihr Geheimnis vor den Weißen zu wahren. Ja, sie spielten den Forschern bewußt falsche und unwirksame Samen in die Hände. Diese Unsicherheit wurde noch durch einen Bericht des Botanikers SAFFORD vergrößert. Dieser glaubte einwandfrei nachgewiesen zu haben, daß die Samen in Wirklichkeit von einer Datura-Art, also einem Nachtschattengewächs, stammten. Tatsächlich hatten die Vergiftungserscheinun-

Abb. 40. Rivea corymbosa — violettblühende Trichterwinde mit Frucht und Samen

gen nach dem Genuß dieser Samen große Ähnlichkeit mit den Symptomen einer Hyoscyaminvergiftung. Ein Zusammenhang mit den Windengewächsen schien endgültig widerlegt, nachdem sich herausstellte, daß die Samen der Windenart Ipomoea sidaefolia keinerlei Rauschwirkung hatten. Ein Zufall führte auf die richtige

Spur. Bei einem seiner Streifzüge durch das Gebiet von Oaxaca sah der Botaniker SCHULTES im Vorgarten eines mazatekischen Medizinmannes eine weiße Windenart wachsen, die in ihrem Äußeren der von HERNANDEZ abgebildeten Pflanze glich. Die braunen Samen der Winde wurden zu Kulthandlungen verwendet. Eine botanische Bestimmung des Samenmusters und der daraus im Treibhaus gezogenen Pflanze ergab einwandfrei *Rivea corymbosa*

Abb. 41. Ipomoea violacea — weißblühende Trichterwinde mit Frucht und Samen

(Abb. 40). Damit war auch die Herkunft der schwarzen Samen geklärt. Sie gehörten nämlich zu der weiß blühenden Windenart *Ipomoea violacea* (Abb. 41). Jetzt verstand man auch den oftmals von den Azteken im Zusammenhang mit diesen Rauschgiftdrogen gebrauchten Namen „Tlitliltzin". Er bedeutet nämlich in der Nahutla-Sprache soviel wie schwarz.

Nach den Aufsehen erregenden Erfolgen, die Dr. Hofmann bei der Aufklärung des Teonanacatl-Rauschgiftes erzielt hatte, zweifelte niemand daran, daß er auch das Ololiuqui-Rätsel lösen würde. Wer hätte aber erwartet, daß dies in nicht ganz einem Jahr gelingen würde? Hatte Hofmann die chemische Zauberformel entdeckt, nach der alle Rauschgiftpflanzen ihre Wirkstoffe aufbauen? Handelte es sich bei allen halluzinogenen Pflanzenstoffen nur um geringfügige Abwandlungen ein und desselben chemischen Grund-

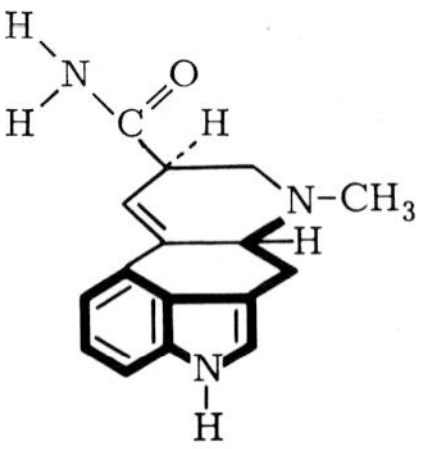

D-Lysergsäure-amid 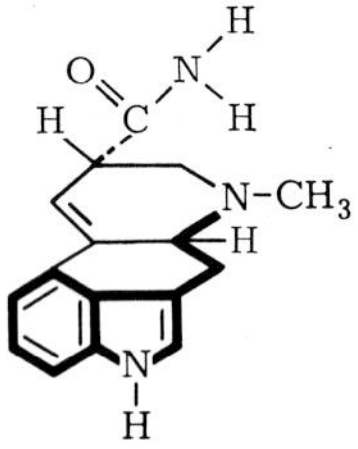 D-Isolysergsäure-amid 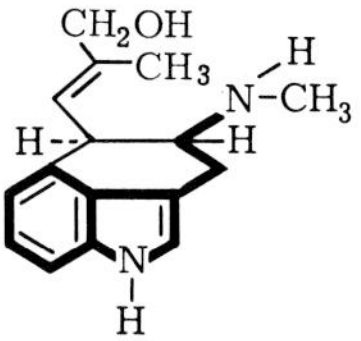 Chanoclavin

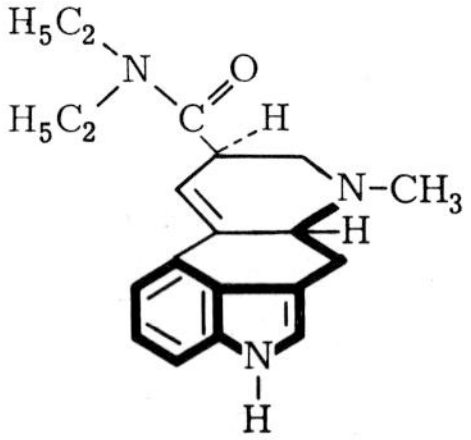

Lysergsäure-diäthylamid
(LSD-25)

Abb. 42. Halluzinogene, die sich von der Lysergsäure ableiten. Rivea- und Ipomoea-Inhaltsstoffe

gerüstes? Wenn man die drei Verbindungen, die Hofmann aus *Rivea corymbosa* und *Ipomoea violacea* isolieren konnte (Abb. 42), mit dem kurz zuvor aufgeklärten Psilocybin oder Psilocin des Rauschpilzes (Abb. 37) vergleicht, so scheint auf den ersten Blick keine Ähnlichkeit zu bestehen. Betrachtet man aber die Formeln mit dem geübten Auge des Chemikers, so sieht man, daß in allen drei Formeln die Struktur des Psilocins steckt. Wir haben etwas nachgeholfen und diesen Molekülteil in den Formeln mit dicken

Strichen hervorgehoben (Abb. 42). Der Chemiker bezeichnet dieses Grundgerüst als Tryptamin. Wie konnte das Dr. HOFMANN so rasch herausfinden? Der Chemiker bedient sich zur Aufklärung chemischer Stoffe sehr häufig feiner optischer Methoden. Sie geben

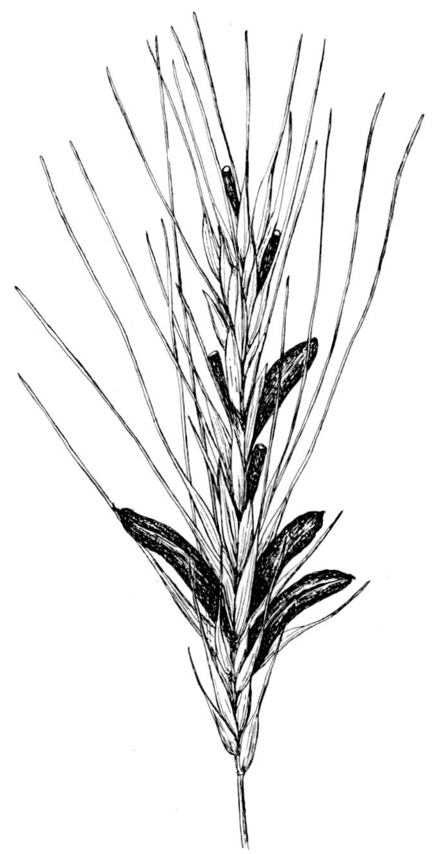

Abb. 43. Secale cornutum — Mutterkornpilz

ihm Aufschluß über bestimmte, für eine Verbindung charakteristische Molekülbausteine. So kann z. B. das genannte Tryptamin- oder Indol-Gerüst, ganz gleich, in welchem Molekül es sich versteckt hat, durch bestimmte Absorptionen im kurzwelligen ultravioletten Lichtbereich nachgewiesen werden. Nachdem HOFMANN die Stoffe rein in Händen hatte, war es daher für ihn ein leichtes, anzugeben, daß sich auch die Ololiuqui-Rauschgifte ebenso wie die des Teonanacatl vom Indol- bzw. Tryptamin ableiten müssen. Bei der weiteren Strukturarbeit kam HOFMANN ein Zufall zu Hilfe. Alle drei Winden-Wirkstoffe hatten das gleiche Grundgerüst, wie die Alkaloide des Mutterkornpilzes (Abb. 43). Diese Alkaloide waren schon Jahre vorher im gleichen Laboratorium von Professor STOLL isoliert und aufgeklärt worden. Man bezeichnete ihr Grundgerüst als *Lysergsäure*. Während die heute therapeutisch viel benutzten Mutterkornalkaloide noch komplizierter aufgebaut sind, ist bei den Windenwirkstoffen die Carboxylgruppe der Lyserg- bzw. Isolysergsäure nur noch mit einer Amino(NH_2)-Gruppe zu einem Amid vereinigt. Damit war erstmals in einer *höheren* Pflanze ein Lysergsäure-Abkömmling aufgefunden worden und die bisher bekannten zwei stickstoffhaltigen Halluzinogen-aktiven Verbindungen hatten noch eine Schwester bekommen. Die wunderbaren Zufälle, die HOFMANN bei der Aufklärung der Wirkstoffe zu Hilfe kamen, sind noch nicht zu Ende. Als er sich mit der Aufklärung der Windenwirkstoffe beschäftigte, ahnte er nicht, daß alle Verbindungen, die er kurz darauf aus den Samen isolierte, bereits fertig in seiner Laboratoriumsschublade lagen. Sie waren nämlich schon vor Jahren, eine davon sogar 30 Jahre vorher, aus Mutterkornalkaloiden durch Abbau hergestellt worden. Sie schliefen einen Dornröschenschlaf, bis sie durch HOFMANNS Arbeiten an der Ololiuqui-Zauberdroge wieder zu neuem Leben erweckt wurden. Jetzt erst erkannte man die halluzinogene Eigenschaft der Lysergsäureamide. Wir haben hier einen der seltenen Fälle, daß der Chemiker der Natur um eine Nasenlänge vorausgeeilt ist. Dasselbe gilt übrigens auch für ein anderes Lysergsäuredivat, das später noch zu besprechende LSD-25, nur mit dem einen Unterschied, daß diese Substanz bisher noch nie in der Natur aufgefunden wurde.

Der Ololiuqui-Droge war bisher keine große Verbreitung außerhalb Mexikos beschieden. Das ist verständlich, denn die Windenalkaloide wirken ähnlich wie das viel bekanntere LSD, besitzen aber nur ein fünfzigstel seiner Wirkintensität. Immerhin wirken sie schon in einer Dosierung von 2 mg und sind damit 5mal aktiver als das Psilocybin. Wer in Amerika trotzdem seinen Ololiuqui-Rausch haben wollte, der ging in die Blumengärtnereien und kaufte sich einige Samenpäckchen der Morning-Glorie, der sogenannten Tulpen- oder Trichterwinde. Auch bei uns sind diese Windenpflanzen wegen der Farbenpracht ihrer Blüten beliebte Garten- und Zimmerpflanzen. Und da diese Pflanzen wenig anspruchsvoll sind, können sie im Gewächshaus oder auch zu Hause gezogen werden. Nur einen Haken hat diese Art der Rauschgiftgewinnung. Bei diesen Tulpenwinden handelt es sich durchwegs um Zuchtformen und viele von ihnen enthalten überhaupt keine rauscherzeugenden Alkaloide oder nur Spuren davon. Wir begegnen hier einer interessanten, aber dem Züchter längst bekannten Erscheinung. Die Pflanzen in freier Natur, die Wildpflanzen, produzieren Stoffe, die den veredelten, auf bestimmte Blütenfarben und -formen hin gezüchteten Kulturformen teilweise oder ganz fehlen. Warum es neben diesen äußeren Veränderungen auch gleichzeitig zu so augenfälligen Stoffwechseländerungen kommt, wissen wir nicht genau. Vielleicht sind diese Windenalkaloide für die Urwaldpflanze von lebenswichtiger Bedeutung. Vielleicht handelt es sich um natürliche Schutzstoffe, die die Wildpflanzen vor Tierfraß schützen und die die gehegten Treibhauspflanzen nicht mehr nötig haben?

4. Yakée (Paricá, Epéna)

In den Reiseberichten von Forschern, die um die Jahrhundertwende die Urwälder am Orinoco und Amazonas im Norden Südamerikas bereisten, begegnen wir immer wieder ausführlichen Beschreibungen von Tanzszenen und festlichen Zeremonien. Die Art und der Verlauf dieser Feierlichkeiten, die von Medizinmännern geleitet wurden, lassen darauf schließen, daß auch die Eingeborenen dieser Gebiete viele Rauschgifte gekannt und um ihre Wirkung gewußt haben. Es dauerte aber auch hier lange, bis man die ersten authentischen Pflanzen nach Hause brachte. Der deutsche Ethnologe Koch-Grünberg war der erste, der uns einen ausführlichen Bericht über eines dieser Rauschgifte gibt. Er schreibt: „Von besonderer magischer Bedeutung sind die Zeremonien, bei denen der Medizinmann *hakudufha* einatmet. Das ist ein Rausch-erzeugendes *Schnupfmittel*, das ausschließlich von Medizinmännern verwendet und aus der Rinde eines bestimmten Baumes bereitet wird. Die zerstoßene Rinde wird in einem Tontopf gekocht, bis das

Abb. 44. Zeichnung eines blühenden Zweiges von Virola calophylloidea Markgraf mit einem schnupfenden Eingeborenen. Zeichnung ELMER W. SMITH aus Bot. Museum Leaflts Harv. Univ. Vol. 16, No. 9 (1954)

ganze Wasser verdampft ist und sich ein Rückstand angesammelt hat. Dieser Rückstand wird in dem Topf über schwacher Flamme geröstet und dann mit einem Messer fein gepulvert.“ Inhaliert wird das Rauschgift mit Hilfe einer sehr einfachen V-förmigen

Konstruktion aus 2 Bambusröhrchen. Durch das eine wird etwas von dem Pulver in die Luft geblasen, worauf sofort durch das zweite Röhrchen das Mittel in die Nase aufgezogen wird (siehe Abb. 44). Daneben gibt es noch eine zweite Art der Aufnahme. Das Schnupfpulver wird in ein gerades, aus Hühnerknochen oder Bambus bestehendes Rohr eingebracht und von einer zweiten Person in das Nasenloch gepustet.

Hakudufha hat offenbar eine stark anregende Wirkung; „denn sogleich beginnt der Medizinmann zu singen und wilde Schreie auszustoßen, während er gleichzeitig im Tanzrhythmus seinen Oberkörper vor- und rückwärts wirft". SCHULTES gibt noch eine etwas genauere Beschreibung der Droge und der Zubereitung. Nach seinen Angaben handelt es sich um ein rotes Harz, das aus der Innenseite der abgeschälten Rinde austritt und dann mit Asche oder dem Rindenpulver eines wilden Cacao-Baumes vermischt wird, um die offenbar leicht flüchtigen Wirkstoffe bei der herrschenden starken Luftfeuchtigkeit vor allzu rascher Verdampfung zu bewahren. Interessant ist, daß diese Rinde vor Sonnenaufgang eingesammelt werden soll. Nach längerer Sonneneinwirkung wird die Harzmenge, die man dann noch gewinnen kann, immer weniger. Außerdem nimmt das Harz an Wirksamkeit ab. Unter den Eingeborenen war dieses Schnupfmittel besonders unter dem Namen *Yakée* oder *Paricá* bekannt. Dem Botaniker SCHULTES verdanken wir die genaue Bestimmung des Baumes. Drei Baumarten, die alle zu der Familie der Myristicaceen gehören, scheinen die Eingeborenen zu verwenden: *Virola calophylla, V. calophylloidea* (Abb. 44) und *V. elongata.* Das Rauschgift ist nicht ganz ungefährlich; denn selbst die Eingeborenen bestätigen, daß es hin und wieder zu Todesfällen gekommen ist. Auch SCHULTES selbst zweifelt nicht an der narkotischen Wirkung des Schnupfmittels. Er berichtete, er habe es in einer viel geringeren Dosis als die Eingeborenen benutzt, und dies habe genügt, um ihn für 2 Tage krank zu machen. Charakteristisch für den Verlauf des Rausches ist, daß der Betroffene bald in einen tiefen, aber unruhigen Schlaf fällt. In ihm gebärdet er sich wie im Fieberdelirium, stößt Schreie aus oder murmelt Unartikuliertes vor sich hin. Ein Gehilfe spielt die Rolle des Traumdeuters und registriert sorgsam die prophetischen Offenbarungen des berauschten Medizinmannes.

Wegen der häufig beobachteten Vergiftungsfälle vermutete man lange Zeit, bei dem Wirkprinzip handle es sich um das giftige *Myristicin*, das für viele Pflanzen der Myristicaceen-Familie typisch ist und das auch in dem Yakée nachgewiesen wurde. Dieses Myristicin kommt als ätherischer Ölbestandteil beispielsweise auch in der Muscatnuß oder in einigen Küchenkräutern, z. B. in der Petersilie und im Dillkraut vor. Und auch von den daraus gewonnenen Ölen wissen wir, daß sie bei Überdosierung gefährliche Vergiftungserscheinungen auslösen können. Vor kurzem hat man nun bei der chemischen Bearbeitung dieses Harzes neben dem Myristicin einige Alkaloide nachweisen können, die eher die halluzinogene Wirkung des Harzes rechtfertigen. Es handelt sich um das *N,N-Dimethyltryptamin* (DMT) und seine 5-Hydroxy- und 5-Methoxy-Abkömmlinge (Abb. 45). Wie wir leicht nachprüfen

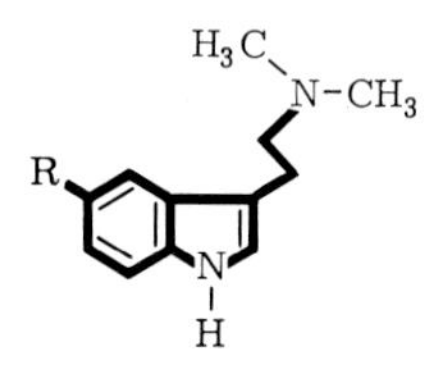

R = H: N, N-Dimethyl-tryptamin (DMT)

R = OH: Bufotenin

R = OCH_3: O-Methyl-bufotenin

R = H: N-Methyl-tryptamin

R = OCH_3: 5-Methoxy-N-methyltryptamin

Abb. 45. Yakée- und Yopo-Wirkstoffe

können, sind diese Verbindungen mit dem Teonanacatl-Wirkstoff chemisch eng verwandt, denn das DMT ist chemisch nichts anderes als das bekannte Psilocin abzüglich einer Hydroxylgruppe. Vom DMT wissen wir, daß es ähnliche Halluzinationen wie das Psilocybin hervorruft. Die Wirkung setzt schon nach einigen Minuten ein und führt neben Farbvisionen zu einem hektischen Bewegungsdrang. Einen Vorteil scheint es aber gegenüber dem Psilocybin oder Mescalin zu haben. Ein DMT-Rausch dauert nur eine knappe Stunde. Somit wäre ein DMT-Rausch für eine Mittagspause völlig ausreichend und damit das „ideale Rauschgift" für den viel beschäftigten Manager oder Geschäftsmann. Sind diese Alkaloide allein für die Rauschwirkung des Yakée verantwortlich oder ist auch das Myristicin daran beteiligt? Ganz ohne berauschende Wirkung scheint das Myristicin nicht zu sein; denn immer wieder wird berichtet, daß sich vor allem Frauen mit Muscatzubereitungen in einen euphorischen Rauschzustand versetzt haben. Und wenn man Illustrierten-Berichten glauben darf, wird von den rauschgiftsüchtigen Jugendlichen Amerikas hin und wieder das DMT zusammen mit dem Myristicin-haltigen Petersilienkraut geraucht. Kein Zweifel besteht aber, daß das Myristicin an den immer wieder beobachteten Vergiftungserscheinungen nach dem Genuß von Yakée-Schnupfpulver die Hauptschuld trägt.

5. Yopo (Cohoba)

Ein anderes Rausch-erzeugendes Schnupfpulver bereiten die Eingeborenen im Gebiet des Orinoco und auf Trinidad aus den Samen eines Leguminosen-Baumes. Über Herkunft, Bereitung des Schnupfmittels und Anwendung berichtete erstmals ALEXANDER VON HUMBOLDT im Jahre 1801. Die Eingeborenen am Amazonas bezeichnen dieses Schnupfmittel als *Yopo*. In Westindien ist es unter dem Namen *Cohoba* bekannt. Es stammt von *Piptadenia (Anadenanthera) peregrina* und *Piptadenia colubrina*, zwei Baumarten, die botanisch zu den Hülsenfrüchtlern (Leguminosen) gehören (Abb. 46). Das Schnupfmittel wird ähnlich wie das Yakée-Pulver mit einem gabelförmigen Rohr aus Hühnerknochen in die Nase eingeblasen. Auch die Rauschzustände unterscheiden sich nicht wesentlich von denen der vorher beschriebenen Rauschdroge. Es kommt zunächst zu Verzerrungen von Gesichts- und Körpermuskulatur. Der Betreffende verspürt den Drang zum Tanzen, bis er langsam die Beherrschung der Gliedmaßen verliert und zu einem von Träumen erfüllten Schlaf niedersinkt. Oft führt eine starke Vergiftung zu einer langanhaltenden Bewußtlosigkeit. In kleineren Mengen wirkt es nur anregend und es versetzt den Krieger in Kampfstimmung und schärft bei Jägern die Sinne. Bezeichnenderweise ist es eines der wenigen Rauschgifte, die heute auch in bestimmten Gebieten Columbiens und Venezuelas von der gesamten Bevölkerung, von Männern, Frauen und Kindern, benutzt werden.

Wir sind nicht mehr erstaunt, daß die Chemiker auch in dieser Droge wieder das gleiche N,N-Dimethyltryptamin (DMT) wie im Yakée nachgewiesen haben. Neben zwei bisher nicht bekannten

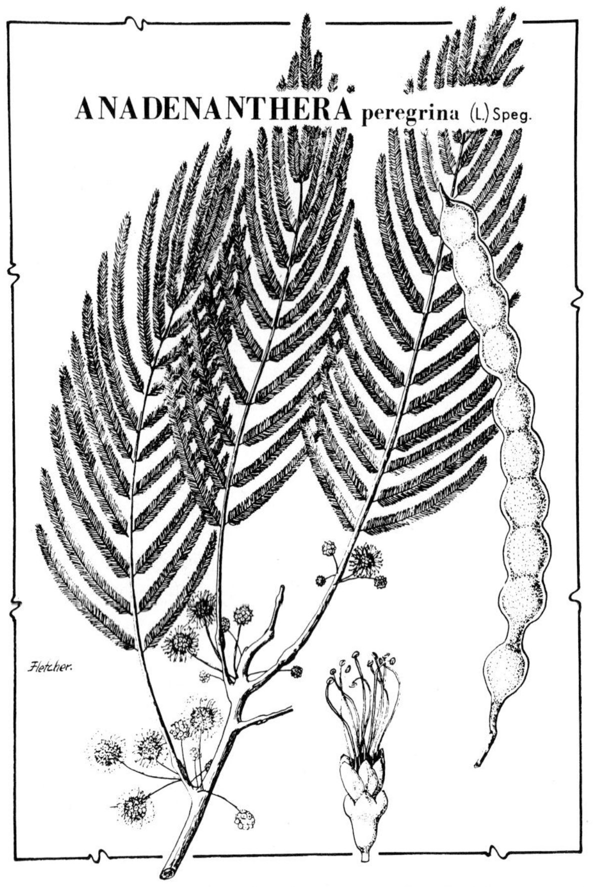

Abb. 46. Piptadenia (Anadenathera) peregrina-Sproß, Blüten und Frucht

Tryptamin-Verbindungen, dem N-Methyl- und 5-Methoxy-N-Methyl-Tryptamin (Abb. 45) fanden sie wieder das schon lange bekannte *Bufotenin*. Es unterscheidet sich vom DMT nur durch eine zusätzliche Hydroxylgruppe in Position 5. Dieses Bufotenin hat zwar gegessen nur eine geringe Rauschwirkung, führt aber nach intravenöser Injektion von nur 18 mg zu deutlichen psychotischen Effekten. Allerdings ist auch bei ihm die Wirkung nur von kurzer Dauer. Dieses halluzinogen wirkende Bufotenin hat seinen Namen von lat. = bufo, die Kröte, da diese Verbindung erstmals aus dem Hautsekret giftiger Kröten gewonnen werden konnte. Ist es an sich schon erstaunlich, daß eine Pflanze und ein Tier die gleiche Verbindung produzieren, so müssen wir uns noch mehr darüber wundern, daß unsere Vorfahren bereits um die rauschmachende Wirkung der Haut von bestimmten Kröten gewußt haben. Wenn wir alte Hexentränke des Mittelalters auf ihre Zusammensetzung hin untersuchen, finden wir als häufigen Bestandteil neben Schlangenhaut und anderen scheinbar „symbolischen" Beigaben auch das Hautpulver von Kröten. Wie scharf muß doch die Beobachtungsgabe unserer Vorfahren gewesen sein und was für eine feine „Entdeckernase" müssen sie gehabt haben, um solche Dinge zu finden.

Der Vollständigkeit halber sei hier vermerkt, daß die halluzinogen wirkenden Tryptaminverbindungen vom Typ des DMT oder Bufotenins im Pflanzenreich gar nicht so selten vorkommen. Sie wurden in der Zwischenzeit in zahlreichen anderen Pflanzengattungen und Arten des tropischen und subtropischen Urwaldes gefunden. Allerdings meist nur in geringen Mengen. Man hat das 5-Hydroxy-Tryptamin (Serotonin) in der *Papaia-Frucht* und in den Früchten der *Passionsblume* entdeckt, ferner in der *Banane* und zahlreichen anderen Pflanzen, die als Nahrungsmittel weit verbreitet sind. Daß bisher nur den Bananenschalen und dem Bananenmus von den Rauschgiftanhängern der amerikanischen Jugend Aufmerksamkeit geschenkt wurde, hängt wiederum nur damit zusammen, daß hier der Gehalt an dieser Verbindung am höchsten ist. Immerhin beträgt der Serotoningehalt einer reifen Bananenfrucht etwa 25 mg. Davon treffen ca. 15 mg auf den eßbaren Teil der Banane. Da aber Serotonin nur ein sehr schwach wirksames Halluzinogen ist, wird die Banane nie ein ernsthafter Konkurrent für die bekannten Rauschgiftdrogen werden. Es wäre auch zu verwunderlich gewesen, wenn unsere sonst so scharfsinnigen Vorfahren eine so billige Rauschgiftquelle übersehen oder unbeachtet gelassen hätten.

6. Caapi (Ayahuasca, Yaje) und die Steppenraute

Die beiden folgenden Rauschgiftdrogen unterscheiden sich nur wenig in ihrer chemischen Zusammensetzung. Sie stammen aber von ganz verschiedenen Pflanzen und diese wiederum wachsen weit voneinander in verschiedenen Teilen der Erde. Die eine Droge im nordwestlichen Südamerika, unter dem Namen *Caapi* und *Ayahuasca* oder *Yaje* bekannt, wird von einigen Lianen-Arten der Gattung *Banisteria* gewonnen. Die zweite Pflanze, *Peganum harmala,* die Steppenraute, finden wir als weitverbreitetes Unkraut in den Wüstengebieten der Mittelmeerländer bis hinein nach Tibet (Abb. 47).

Abb. 47. Gegend in Zentralanatolien, mit Peganum harmala — Steppenraute. Phot. Prof. Dr. T. BAYTOP, Istanbul

Das Rauschmittel, das in der Wurzel, der Rinde und in den Blättern des Caapistrauches enthalten ist, wird mit kaltem oder heißem Wasser ausgezogen und dann in Portionen getrunken. Das Kauen der frisch vom Stamm geschälten Rinde erfüllt denselben Zweck. Schon nach kurzer Zeit fällt der Medizinmann oder sein Medium in einen tiefen Rauschzustand, der mit seltsamen telepathischen Fähigkeiten verbunden sein soll.

GOLDMANN gibt folgende interessante Beschreibung des Caapi-Rausches:

„Am Anfang ... wird das Sehvermögen verschwommen, Gegenstände erscheinen weiß und das Sprachvermögen verschwindet. Die weiße Vision wird rot, wie ein mit roten Federn kreiselnder Raum. Das vergeht und man sieht Personen in den glänzenden Farben des Jaguars ... dann beginnt die Halluzination eine aufgeregte und furchtbare Form anzunehmen. Man nimmt gewalttätige Menschen wahr, die sich schreiend und weinend im Kreise bewegen und zu töten drohen. Die Furcht erfaßt einen, daß man kein Heim mehr hat. Die Balken der Häuser und Baumstämme werden lebendig und nehmen menschliche Formen an. Man hat den lebhaften Eindruck, von einem Tier in das Hinterteil gebissen zu werden. Man fühlt sich wie festgebunden. Die Erde kreist und der Boden erhebt sich zum Kopf. Es gibt auch euphorische Augenblicke, in denen man Musik ... singende Menschen, ... Wasser fließen hört."

Diese eigenartigen Phänomene haben Pharmakologen und Chemiker schon sehr früh veranlaßt, sich mit dieser Rauschdroge näher zu beschäftigen. Der Pharmakologe LEWIN isolierte ein Alkaloid, das Banisterin und später Telepathin genannt wurde. Dieses Alkaloid löste bei Menschen in Mengen zwischen 0,1 bis 0,3 g Bewegungsdrang, Wärme- und Kälteempfinden, Gleichgewichtsstörungen und Zitterbewegungen aus. Hunde, denen man dieses Alkaloid unter die Haut spritzte, begannen wie tollwütige die Zähne zu fletschen und mit Gekläff hoch zu springen, als wollten sie jemanden an die Kehle. Wahrscheinlich hatten die Hunde Halluzinationen von angreifenden feindlichen Wesen. Die halluzinogene Wirkung tritt wie beim Mescalin bei einer Menge von etwa 0,4 g ein.

Ohne Zuhilfenahme der Telepathie, allein durch systematische chemische Vergleiche, fand man sehr bald heraus, daß dieses aus der Caapi-Droge isolierte Telepathin schon einmal aus einer anderen Pflanze isoliert worden war. Man fand es mit *Harmin* (Abb. 48), dem Hauptalkaloid der Steppenraute, identisch.

Als man die Droge Caapi später nochmals genauer untersuchte, entdeckte man noch zwei weitere Alkaloide. Und wiederum handelte es sich bei dem einen um einen schon bekannten Bestandteil der Steppenraute. Dieses Alkaloid unterscheidet sich vom Harmin nur in der Oxydationsstufe und heißt *Harmalin.* Die anderen in beiden Drogen nachgewiesenen Verbindungen stimmen nicht mehr völlig miteinander überein. Caapi enthält noch das *Tetrahydroharmin*, während Peganum harmala außer *Harmol* und *Harmatol* noch *Vasicin* (Peganin), ein Alkaloid der Chinazolinreihe, produziert. Halluzinogene Wirkung besitzen aber nur die Harman-Alkaloide, allerdings mit unterschiedlicher Intensität. Was ist über die chemische Struktur dieser Alkaloide besonderes zu sagen? Nur das eine, daß es sich zur Abwechslung einmal um Verbindungen

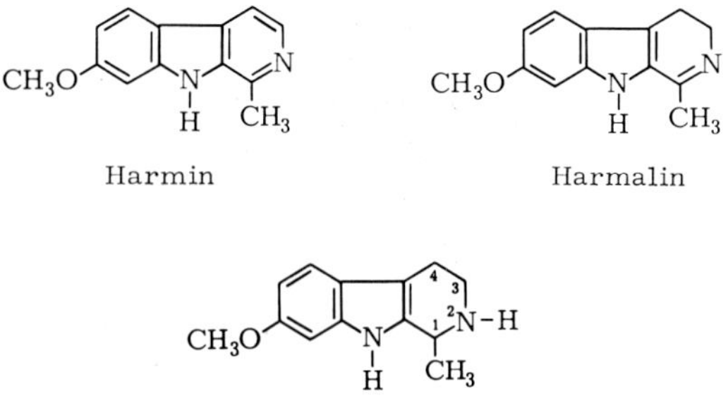

CH_3O N H CH_3 N

Harmin

CH_3O N H CH_3 N

Harmalin

CH_3O N H CH_3 N-H (1, 2, 3, 4)

d-1, 2, 3, 4-Tetrahydro-Harmin

Abb. 48. Harman-Alkaloide

handelt, die ein 3-Ringsystem besitzen. Wahrscheinlich hat aber der aufmerksame Leser längst entdeckt, daß auch in der Struktur dieser Alkaloide wieder das Tryptamingerüst steckt. Wer sich schon darüber wundert, daß die Pflanzen so ideenreich und wandlungsfähig in der Produktion von Inhaltsstoffen sind, sollte eigentlich noch mehr darüber erstaunt sein, daß zwei Pflanzen, die völlig verschiedenen Familien angehören, in weit auseinanderliegenden Gebieten der Erde wachsen und dabei ganz unterschiedlichen Klimabedingungen ausgesetzt sind, mit nur geringen Abweichungen dieselben Inhaltsstoffe synthetisieren.

Ebenso verwunderlich ist es, daß die Nomaden Nordafrikas und Arabiens von der Steppenraute als Rauschmittel kaum Notiz genommen haben. Dagegen war sie als Arznei hoch geschätzt. Die Zahl der Krankheiten, gegen die sie verwendet wurde, ist kaum überschaubar. Angefangen bei Asthma, Rheumatismus und Gallensteinen bis zu den Würmern, Kopfläusen, Knochenbrüchen und Nervenschmerzen fehlt in den überlieferten Arzneibüchern fast kein Leiden. Am meisten hat man die krampflösende und schmerzlindernde Wirkung genutzt. Sehr wahrscheinlich war es diese umfassende Heilwirkung, die der Droge den Nimbus eines Allerweltsmittels eintrug, mit dem Krankheiten abgewehrt und Geister ausgetrieben werden können. Noch heute wird von den Einwohnern Zentral-Anatoliens ein Gehänge aus den Samen der Steppen-

Abb. 49. Ein Gehänge aus den Samen der Steppenraute wird von den Nomaden Nordafrikas, Arabiens und Kleinasiens als Schutz gegen den „bösen Blick" des Teufels getragen. Phot. Prof. Dr. T. BAYTOP, Istanbul

raute als Schutz gegen den „bösen Blick" des Teufels getragen (Abb. 49).

Die Steppenraute ist ein etwa 40 cm hohes Kraut mit reich verzweigten Sprossen, die im unteren Teil sehr bald verholzen. Äußerlich ähnelt die Steppenraute mit ihren vielspaltigen harten Blättern einer Distelpflanze. Die Alkaloide sind in den Samen, aber auch in den tief in den Boden hinabreichenden Wurzeln enthalten. Es ist interessant, daß das Harmin der Steppenraute schon sehr früh und wohl als erstes Halluzinogen therapeutisch verwendet wurde. Bei der als Parkinsonismus bekannten Nervenkrankheit wirkt es der Muskelstarre entgegen und erleichtert die Beweglichkeit von Händen und Beinen. Da seine Wirkung aber nur symptomatisch und von kurzer Dauer ist, wurde das Harmin bald durch bessere Arzneimittel verdrängt.

7. Lysergsäure-diäthylamid (LSD 25)

Wer kennt nicht die Buchstabenfolge *LSD* als Abkürzung für unser derzeit wirksamstes Rauschmittel? Längst haben Zeitung und Illustrierte, Reportagen im Fernsehen, Filme und Romane für seine Publicity gesorgt und die Neugierde an dieser Droge geweckt.

Lohnt es sich, mit dem LSD Bekanntschaft zu machen? Bevor wir diese Frage beantworten, wollen wir zunächst hören, was das LSD ist. Das LSD 25 ist keine Urwalddroge, sondern ein Erzeugnis des Chemikers. Seine Entdeckung verdankt es einem Zufall. Derselbe Dr. HOFMANN, dem wir die Entzauberung der mexikanischen Rauschdrogen verdanken, suchte nach einem neuen Kreislaufmittel. Es sollte noch besser wirken als das bekannte Coramin. Da man sich in den Laboratorien der Sandoz AG in Basel schon seit langem mit Mutterkornalkaloiden beschäftigte, und da einige dieser Alkaloide ebenfalls eine Wirkung auf den Kreislauf besitzen, dachte HOFMANN daran, das Grundgerüst der Mutterkornalkaloide, die Lysergsäure, mit dem Coramin — einem bewährten Kreislaufmittel — zu kombinieren. Das war naheliegend; denn ein Teil der Coramin-Struktur steckt bereits im Molekül der Lysergsäure (siehe Abb. 42). Man brauchte nur noch eine Diäthylamingruppe in das Lysergsäuremolekül einzufügen. Um es gut wasserlöslich zu machen, führte man das so gewonnene Diäthylamid in das weinsteinsaure Salz über. In dieser Form liegt das LSD heute vor. Die Zahl 25 hinter der Abkürzung verrät, daß diese chemische Verbindung der fünfundzwanzigste Versuch in einer Experimentierreihe war.

Als man aber die neue Verbindung im Tierversuch erprobte, entdeckte man zunächst nichts, was medizinisch von besonderem Interesse gewesen wäre. So legte man die Substanz in die Laboratoriumsschublade zurück. 5 Jahre später — man schrieb den 16. April 1943 — führte HOFMANN eine neue Versuchsreihe mit Mutterkornalkaloiden durch. Unter den verwendeten Alkaloiden befand sich auch das Lysergsäurediäthylamid. Während des Experimentierens wurde HOFMANN plötzlich von einem eigenartigen Rauschzustand befallen, so daß er seine Arbeit im Laboratorium abbrechen und nach Hause gehen mußte. In einem Dämmerschlaf sah Dr. HOFMANN phantastische Bilder von leuchtender Farbenpracht. Um die Ursache dieser zunächst unerklärlichen Beobachtung zu ergründen, machte er einen Selbstversuch mit 0,25 mg LSD; denn das war die einzige Verbindung, mit der er während des Versuches näher in Berührung gekommen sein konnte. Das Resultat war ein LSD-Rausch mit allen Symptomen, die man heute nach 10jähriger Erfahrung als typisch für diesen Stoff ansieht: Halluzinationen, Farbvisionen, schizophrenieähnliche Zustände usw. Wie sich später herausstellte, war die Menge, die HOFMANN zu sich genommen hatte, das 5- bis 10fache der wirksamen Dosis. Das LSD wirkt somit schon in einer Dosierung von 0,02 bis 0,05 mg und ist damit 10 000mal wirksamer als das bekannte Mescalin. Ein Rauschgift mit solcher Wirkkraft auf das menschliche Bewußtsein war bis dahin völlig unbekannt. Und auch als Dr. HOFMANN Jahre später aus der mexikanischen Tulpenwinde Rausch-erzeugende Verbindungen mit der gleichen Grundstruktur isolierte, stellte man fest, daß auch diese nur ein Hundertstel der LSD-Wirkung hatten. Der Chemiker war also nicht nur dem Geheimnis der mexikanischen Zauberdrogen zuvorgekommen, sondern er hatte auch die Wirksamkeit eines Pflanzenstoffes, wenngleich durch einen Zufall, um ein Vielfaches übertroffen. Ohne die Mithilfe der Natur wäre aber diese Leistung nicht möglich gewesen; denn die Lysergsäure konnte damals noch nicht im Laboratorium synthetisiert werden. Man gewann sie und gewinnt sie auch heute noch aus den Lysergsäure-Alkaloiden, die im Mutterkornpilz vorkommen. Somit stellt das LSD ein halbsynthetisches Rauschmittel dar, das in einer Gemeinschaftsarbeit von Pflanze und Chemielaboratorium entstanden ist. Aber nicht allein die hohe Wirksamkeit ist für das

LSD charakteristisch. Das LSD ist auch das am meisten spezifische Psychotomimeticum, das wir kennen. Das ergibt sich eindrucksvoll aus einem Vergleich von wirksamer und toxischer Dosis. Die hierfür als Maß benutzte DL 50[1] (*D*osis *l*etalis = tödliche Dosis) beträgt bei der Maus 46 mg/kg, bei der Ratte 16 mg/kg und beim Kaninchen 0,3 mg/kg. Dem steht eine wirksame Dosis von 0,0005 mg/kg beim Menschen gegenüber. Man kann zwar nicht ohne weiteres die Giftigkeit am Tier mit der Wirksamkeit am Menschen vergleichen, doch zeigt die Gegenüberstellung eine ganz einmalige Spezifität der psychischen Wirkung.

Wie sind die LSD-Rausch-Symptome? Nach Einnahme einer mittleren Dosis von 50 bis 200 µg[2] kommt es innerhalb 1/2 Stunde zu leichten Schwindelanfällen, die manchmal von Brechreiz, Ohrensausen und gelegentlich auch von einem Blutdruckabfall begleitet sind. Die Konzentrationsfähigkeit nimmt ab. Eine regelrechte Ideenflucht macht sich bemerkbar. Sehr bald treten plastische Farbvisionen auf, die besonders beim Schließen der Augen verstärkt hervortreten. Wie beim Mescalin beobachtet man eine Überempfindlichkeit gegenüber Geräuschen und Tönen und eine Veränderung des Tastsinns der Haut. Während das Bewußtsein noch weitgehend erhalten bleibt, kann das Zeitgefühl nach beiden Richtungen hin stark verändert oder völlig aufgehoben sein. Augenfällig sind auch die Veränderungen von Raum- und Körperdimensionen. Dies macht die zeichnerische Darstellung eines Redners durch einen Künstler, der unter LSD-Wirkung stand, besonders deutlich (Abb. 50). Die Hand des Redners, zur Bekräftigung seiner Worte oftmals in die Luft gestoßen, wird hier zum beherrschenden Element der Szene. Bei einem Selbstversuch, den der Schreiber dieses Buches mit 200 γ LSD unternahm, bemerkte er bald nach Einnahme des Stoffes, wie sich auch die Gesichter der Anwesenden in charakteristischer Weise veränderten. Sie verloren ihre natürliche Farbe, wurden wächsern und bekamen einen zarten pastellartigen Teint. Dadurch wirkten sie wie Masken. Das Belustigende dabei war, daß man sich von diesen Masken bald mitleidig, bald hämisch grinsend und lauernd beobachtet fühlte.

---

[1] Substanzmenge, die 50% behandelter Tiere einer Versuchsreihe tötet.

[2] $\mu g = 1\,\gamma = 1/1000$ mg.

Jedes Gesicht schien einer völlig fremden Person anzugehören. Meine eigene Frau verwandelte sich in eine Puppenfee, ein Freund in einen englischen Grafen und der kontrollierende Arzt in einen Gerichtsvollzieher mit strengem, drohendem Blick. Nachträglich

Abb. 50. Darstellung eines Redners durch einen unter LSD-Einwirkung stehenden Künstler. Die Hand zur Bekräftigung seiner Worte mehrmals in die Luft gestoßen, wird hier zum beherrschenden Element der Szene

schien es mir, als würden unter LSD-Einwirkung die Sinne geschärft und Eigenschaften eines Mitmenschen offenbar, die bei üblicher Beobachtung unentdeckt bleiben. Vermittelt das LSD eine Art von zweitem Gesicht? Erwirbt man mit LSD metaphysische Fähigkeiten? Umfangreiche Versuche mit LSD haben dies nicht bestätigt. Die Droge kann nur das bewußt machen, was in einem

Menschen schon in irgendeiner Form vorhanden ist. Zweifellos wird die Phantasie angeregt, die Einsicht in die Dinge der Welt gesteigert, aber beides nützt wenig, wenn es nicht gelingt, „das im Rausch Geschaute im täglichen Leben durch Arbeit und Willen wieder zu realisieren". So gesehen entrückt zwar die Droge die Menschen vorübergehend in eine andere Welt, aber sie löst genausowenig wie die anderen Drogen Konflikte und Probleme. Andererseits wird berichtet, daß das LSD verborgene Kindheitserlebnisse zu aktivieren vermag. Im Höhepunkt des LSD-Rausches selbst kommt es häufig zu einem Gefühl der körperlichen Entfremdung und Entpersönlichisierung. Dieser Zustand erinnert in charakteristischer Weise an das Krankheitsbild der Schizophrenie. Der Berauschte verliert den Kontakt mit der Umwelt, er hat oft den Eindruck von Nichtvorhandensein und ein Gefühl, daß Teile des eigenen Körpers plötzlich verschwunden sind. Im Gefühl des völligen Ich-Zerfalls tritt er aus sich heraus und macht sich selbst zum Objekt, das er von außen her betrachtet.

„Alle meine Organe und Sinneswahrnehmungen waren in Fragmente zersplittert", so beschreibt ein englischer Buddhismusforscher seine Rauscherfahrung. „Nichts war mehr von mir übrig, nur noch ein entkörperter Leidender, seines Wahnsinns bewußt und von nie erlebter Spannung zerrissen ... Die Hölle konnte nicht fürchterlicher sein ... Dann gab ich mich völlig auf ... und im selben Moment war mein Zustand total verändert. Aus höllischer Qual wurde ich in Ekstase geschleudert... und in einen Zustand unaussprechlicher Seligkeit ... Ich wurde einer nahtlosen Einheit gewahr, welche die vollkommene Identität von Subjekt und Objekt, von Einzelheit und Vielheit, einschloß."

Der Zustand höchster Ekstase dauert etwa 1 bis 2 Stunden und ist damit länger als bei allen anderen Halluzinogenen. Mindestens ebenso lange braucht man, um auf den Höhepunkt des Rausches zu gelangen. Das gleiche gilt aber auch für die „Rückkehr von der Reise". Wer mittlere Dosen LSD zu sich nimmt, muß mit einer „Gesamtreisezeit" von 6 bis 8 Stunden rechnen. Vergleicht man hiermit die Wirkungsdauer anderer Halluzinogene, wie z. B. das DMT, T-9 oder Psilocybin (Abb. 51), so findet man, daß hierin das LSD zusammen mit dem Mescalin wieder an der Spitze steht. Wie die meisten Rauschgifte übt das LSD auch auf Tiere charakteristische Wirkungen aus. Spritzt man Affen LSD in die Venen, werden sie unruhig und aufgeregt, beginnen mit den Händen zu wischen und zu schlagen und scheinen völlig den Kontakt mit ihrer Umgebung zu verlieren. Ihr Zustand erinnert an eine „psychische Blindheit". Noch auffälliger war ein LSD-Versuch mit Katzen und Tauben. Als man eine unter LSD gesetzte Katze zusammen mit einer Maus in einen Käfig sperrte, ängstigte sich die

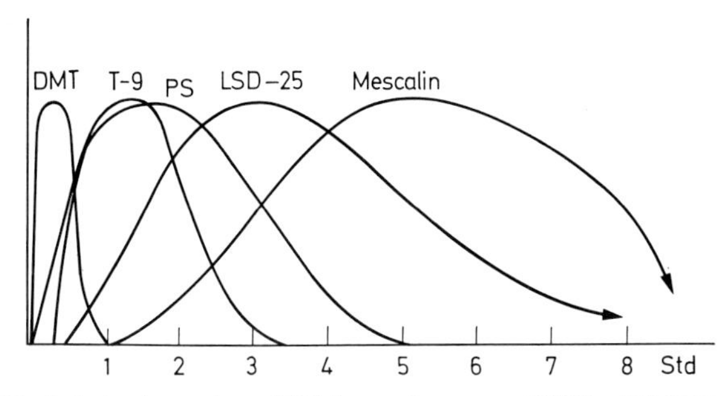

Abb. 51. Inkubationszeit und Wirkungsdauer von DMT = N,N-Dimethyltryptamin, T-9 = N,N-Diäthyltryptamin, Ps = Psilocybin im Vergleich zu LSD und Mescalin. (Nach SZARA, von LEUNER ergänzt)

Katze vor der Maus zu Tode und versuchte verzweifelt, dem Käfig zu entfliehen. Eine Taube, die eine LSD-Lösung getrunken hatte, wollte einen Mann als ihr Junges adoptieren und ihn füttern. Als der Mann kein Interesse zeigte, wurde die Taube wild und hackte mit dem Schnabel auf ihn ein. Fische, die sich 1 Stunde in einer 0,4‰igen LSD-Lösung befunden hatten und dann in normales Frischwasser gebracht wurden, zeigten Zitterbewegungen, schwammen bis zur Glaswand und setzten ihre Schwimmbewegungen fort, ohne zu merken, daß sie nicht vom Fleck kamen.

Es ist verständlich, daß sich die Wissenschaft für eine Verbindung mit derart tiefgreifender Wirkung auf die Psyche von Mensch und Tier besonders interessiert hat. Die ersten grundlegenden Untersuchungen über den Einfluß von LSD auf die Psyche des gesunden und geisteskranken Menschen wurden von W. A. STOLL in der psychiatrischen Universitätsklinik in Zürich durchgeführt. Gleichzeitig versuchte man in pharmakologischen Arbeiten an Versuchstieren zu erfahren, auf welche Weise das LSD diese außerordentlichen Wirkungen hervorbringt. Diese Arbeiten haben interessante Teilergebnisse gebracht. Wie wir aber in einem späteren

Kapitel hören werden, ist bis heute immer noch ungeklärt, wie es zu diesen Änderungen des Bewußtseins kommt. Schon bei der Abhandlung über Mescalin und Psilocybin haben wir angedeutet, daß wir in den Halluzinogenen Verbindungen in der Hand haben, mit denen am gesunden Menschen vorübergehend Schizophrenie-ähnliche Zustände erzeugt werden können. Den Gedanken, auf diese Weise von den bloßen klinischen Beobachtungen am kranken Menschen unabhängig zu werden, und gleichzeitig dabei mehr über die physiologischen und biochemischen Stoffwechseleffekte bei Schizophrenen zu erfahren, hatte bereits der bekannte Neurologe KRAEPELIN um die Jahrhundertwende. Allerdings blieben KRAEPELINS Versuche noch ergebnislos, weil er nicht über das geeignete Psychotomimeticum verfügte. Ein solches steht heute im LSD zur Verfügung. Es ist praktisch ungiftig, in geringsten Dosen wirksam und besitzt eine ausgeprägte psychotrope Wirkung. Systematische Untersuchungen wurden in Deutschland vor allem an der neurologischen Universitätsklinik in Göttingen von Prof. LEUNER durchgeführt. Sie brachten wertvolle Erkenntnisse über die Wesenszüge dieser Modellpsychosen und lieferten die Grundlage für die Verwendung solcher Stoffe als Hilfsmittel in der Psychotherapie. Dadurch nämlich, daß das LSD den geistig Kranken aus seinem gewohnten Weltbild und aus seiner Isolierung herauslöst, bringt es ihn wieder in Kontakt mit dem behandelnden Arzt. Einige Ärzte berichten von einem erstaunlich tiefgehenden Erinnerungsvermögen, bei dem entfernte Kindheitstage, ja sogar die Geburt selbst, wieder bewußt werden sollen. Besonders diese Eigenschaften sind eine wichtige Voraussetzung für eine nachfolgende psychotherapeutische Behandlung. Aus Amerika wird sogar berichtet, daß LSD mit bestem Erfolg zur Besserung von unheilbaren Trinkern und zur Heilung von Frigidität eingesetzt wurde.

Trotz dieser scheinbaren gewaltigen Vorzüge ist das LSD nicht harmlos. Es sind Fälle bekannt, in denen sich LSD-Berauschte plötzlich auf die Fahrbahn verkehrsreicher Autobahnen begaben, da sie der Meinung waren, sie seien göttliche Wesen und es könne ihnen nichts geschehen. Wieder andere stürzten sich aus dem Fenster, weil sie glaubten, fliegen zu können. Und in einigen Fällen wurden sogar im LSD-Rausch Morde begangen. Das LSD ist zwar selbst nicht giftig, aber die Einwirkung auf das Bewußtsein kann doch so stark sein, daß es bei psychisch Labilen zu anhaltenden Depressionen, ja sogar zum Ausbruch einer Schizophrenie kommen kann. Die Frage, ob es sich bei wiederholter Einnahme von LSD um eine Sucht oder um eine Mode handelt, ist oft gestellt worden. Eine eindeutige Antwort ist schwer zu geben. Auf der einen Seite verursacht das LSD keine typische Euphorie, wie etwa das Morphin oder das Kokain, auf der anderen Seite aber wissen wir aus zahlreichen Beobachtungen, daß die Dosis gesteigert werden muß, um eine gleichbleibende Wirkung zu erzielen. Dies spricht eindeutig dafür, daß es zur Ausbildung einer Toleranz gegen LSD kommen kann. Bedenken wir ferner, daß das LSD eine 60mal stärkere schmerzstillende Wirkung als Morphin besitzt und bisher alle starken schmerzstillenden Mittel eine Suchtwirkung auslösen können, so scheint doch größte Vorsicht geboten. Alarmierend sind in diesem Zusammenhang Berichte aus Amerika, nach denen das LSD auch Chromosomen-Schäden hervorrufen soll. Als man weiße Blutkörperchen 48 Stunden lang in Zellkulturen LSD-Konzentrationen aussetzte, beobachtete man, daß die Chromosomenfäden in ihren Zellkernen um so mehr Bruchstellen zeigten, je länger und je stärker sie von LSD angegriffen wurden. Um zu beweisen, daß das LSD auch im Körper auf Leukocyten wirkt, untersuchte man die weißen Blutkörperchen eines Schizophrenen, der im Laufe von 6 Jahren 15mal mit starken LSD-Dosen behandelt worden war. Auch in den Zellkernen seiner Leukocyten fand man abnorme Chromosomenschäden. Wir wissen nicht, ob das LSD auch in die Keimzellen gelangt. Wäre dies der Fall, könnte die LSD-Einwirkung auf die Keimzellen zu Mißgeburten führen. Daß damit gerechnet werden muß, zeigt ein anderer Tierversuch. Man verabreichte 5 Ratten in den ersten Tagen der Schwangerschaft eine einmalige Injektion von LSD. Das Ergebnis war, daß 2 Ratten verkümmerte Totgeburten zur Welt brachten, eine gebar einen Wurf von 7 gesunden und einem verkümmerten Jungen und eine hatte eine Fehlgeburt. Nur eine der 5 Ratten brachte einen offensichtlich gesunden Wurf zur Welt.

Zahlreiche Länder haben heute das LSD den Opium-Gesetzen unterstellt. Diese Maßnahme erscheint vernünftig; denn schon machen sich in Amerika Sekten und Gemeinschaften mit künstlerischem Einschlag breit, die eine Art LSD-Religion predigen und einen unbeschränkten Konsum dieser Droge fordern. Alle diese Bewegungen dienen keinem anderen Zweck, als ungestört von den Behörden unter dem Deckmantel einer heiligen Mission der Welt und ihren Verpflichtungen zu entfliehen.

VIII. Was wissen wir über den Wirkungsmechanismus von Rauschgiften?

Dieses Kapitel sollte eigentlich sehr kurz werden. Denn obwohl es über die möglichen Ursachen der Rauschgiftwirkung einige tausend Veröffentlichungen gibt, wissen wir noch sehr wenig Genaues darüber. Vieles ist Hypothese und Theorie. Wenn ich trotzdem einiges schreibe, so deshalb, um dem Leser zu zeigen, wie schwierig es für den Wissenschaftler auch heute noch ist, eine so bekannte Erscheinung wie den Rausch in seinen elementaren Ursachen zu verstehen.

Daß die Rauschgiftwirkung von unserem Gehirn ausgeht, scheint selbstverständlich. Doch wie können wir dies beweisen? Ein Professor an der Harvard-Universität namens SKINNER hat dies auf eine sehr originelle Art bewiesen. Er hat beim Experimentieren mit Ratten herausgefunden, daß man mit Stromstößen in bestimmten Teilen des Gehirns psychische Reaktionen auslösen kann. Er setzte den Ratten Elektroden ins Gehirn ein und konstruierte eine Vorrichtung, mit der sich die Ratten selbst mit Stromstößen bedienen konnten. Bei einer bestimmten Elektrodenstellung konnte man nun beobachten, daß die Ratten wie versessen darauf waren, sich elektrisch anzuregen. Offenbar erzeugte diese elektrische Reizung, wenn sie in bestimmten Gehirnregionen (Hypothalamus) erfolgte, eine Art von Euphorie. Diese muß sehr stark gewesen sein. Denn auch hungrige Ratten, denen man Futter verabreichte, zogen das Vergnügen, sich elektrisch anzuregen, der normalen Befriedigung durch das Fressen vor. Ein derartiges Verhalten erinnert stark an die Erscheinung der Sucht. Man darf aus diesem Versuch folgern, daß auch die von Rauschgiften ausgelöste Euphorie im Gehirn ihren Ursprung hat. Wie aber durch den Versuch weiter gezeigt wurde, genügt es, nur ein bestimmtes Gebiet im Gehirn zu erregen, damit sich eine Euphorie einstellt. Nun haben wir aber gehört, daß Rausch nicht gleichbedeutend mit gesteigertem Wohlbehagen ist. Im Rausch treten ja noch viele andere Reaktionen auf, die nichts mit der eigentlichen Euphorie zu tun haben. Nehmen wir als Beispiel das Kokain. Dieses Rauschgift löst eine Euphorie aus, etwa wie das Opium. Aber es führt auch gleichzeitig zu einer starken Anästhesie der sensiblen Nervenendigungen der Haut. Nur die erste Erscheinung ist das typische Rauschsymptom. Die zweite müssen wir als Nebenwirkung ansehen. Sehr schön kann man dies auch beim Morphin zeigen. Spritzt man einer Maus Morphin unter die Haut, so kommt es sehr bald zu einer eigenartigen Haltung des Schwanzes (siehe Abb. 52). Diese Schwanzkrümmung, dem Pharmakologen als Straubsches Phänomen bekannt, ist so typisch für alle Opiate, daß sie sogar zum Nachweis dieser Stoffe verwendet werden kann. Auch hier handelt es sich um eine typische Nebenwirkung, ausgelöst durch einen Krampf der Rückenmuskulatur.

Abb. 52. Typische Schwanzhaltung bei einer Maus, die 0,02 mg Morphin/g Körpergewicht unter die Haut gespritzt bekam (Straubsches Phänomen)

Wie läßt sich nun erklären, daß einige chemische Stoffe eine Rauschwirkung auslösen und andere nicht. Hier muß man zunächst einiges darüber sagen, wie chemische Stoffe überhaupt an den Ort ihrer Wirkung gelangen. Denn daß alle Stoffe, die man mit einer Tablette schluckt oder durch eine Injektion in die Blutbahn bringt, auch tatsächlich dorthin kommen, ist durchaus nicht selbstverständlich. Erstens muß der Stoff im Blut transportfähig, d. h. löslich sein, zweitens darf er nicht, bevor er seine Wirkung entfaltet, wieder zerstört werden oder aus dem Körper verschwinden. Nehmen wir an, beide Voraussetzungen seien erfüllt. Der Stoff kreist im Blut. Wenn er ins Gehirn gelangen soll, dann muß er eine natürliche Trennwand, die sogenannte Blut-Hirnschranke, überwinden. Das kann mitunter gar nicht so leicht sein. Ob er es fertigbringt, und in welchem Maße, hängt davon ab, wie er chemisch aufgebaut ist. Große Moleküle passieren in der Regel schwerer als kleine. Umgekehrt dringen fettlösliche Stoffe leichter ein als stark wasserlösliche. So beruht die stärkere Suchtwirkung des Heroins im Vergleich zum Morphin darauf, daß das Heroin leichter und schneller ins Gehirngewebe aufgenommen wird als das Morphin. Aber nicht immer muß das Rauschgift im Gehirn angereichert sein, damit es seine Wirkung entfalten kann. So hat man z. B. mit radioaktivem Lysergsäurediäthylamid (LSD-^{14}C)[1] nachweisen können, daß das LSD nach Injektion in die Blutbahn sehr rasch wieder daraus verschwindet und nach 20 Minuten nur mehr in ganz geringer Konzentration im Gehirn nachweisbar war. Dagegen befand sich die Hauptmenge des LSD im Dünndarm, in der Leber, in der Niere und Nebenniere, der Lunge, der Milz und der Bauchspeicheldrüse (Abb. 53). Zwei Stunden nach der Injektion waren in den meisten Organen nur noch 1 bis 10% des verabreichten LSD. Obwohl also von dem LSD nur ein ganz geringer Prozentsatz in das Gehirn gelangt, übt es die stärkste Halluzinogen-Wirkung aus, die wir bisher kennen. Ähnliche Ergebnisse erhielt man auch mit Mescalin und Atropin. Diese Experimente zeigen, daß eine gleichbleibend hohe Substanzkonzentration im Gehirn für eine Rauschwirkung nicht unbedingt erforderlich ist; denn bei LSD erreicht die Rauschwirkung erst dann ihren Höhepunkt, wenn schon der größte Teil des LSD aus dem Körper verschwun-

[1] Das radioaktive LSD enthält in seinem Molekül ein oder mehrere Kohlenstoffatome (C), die nicht das übliche Atomgewicht 12 besitzen, sondern das um 2 Masse-Einheiten schwerere Kohlenstoff-Isotop mit dem Atomgewicht 14.

den ist. Offenbar kommt es bei Rauschgiften weniger auf die Quantität als auf die Qualität an.

Aber wie kann man einem Rauschgift ansehen, daß es qualitativ besser ist als das andere? Und warum wirkt das LSD schon im γ-Bereich, während vom Mescalin mehrere 100 Milligramm

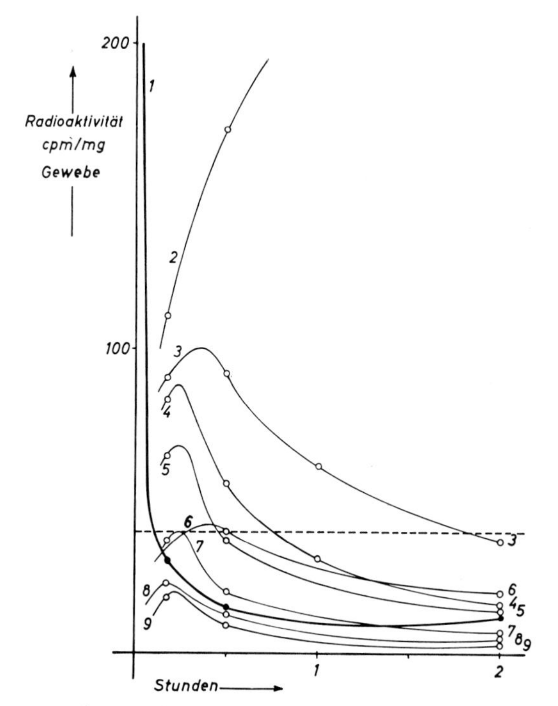

Abb. 53. Verteilung und Ausscheidung von LSD-^{14}C in den verschiedenen Organen der Maus nach intravenöser Injektion von radioaktiv markiertem LSD. 1=Blut, 2=Dünndarm, 3=Leber, 4=Niere, Nebenniere; 5=Lunge, Milz, Pankreas; 6=Eingeweide; 7=Herz; 8=Muskel, Haut; 9=Hirn. [Nach A. Hofmann (Sandoz-Basel)]

nötig sind, um Rauschzustände zu erzeugen? Die tieferen Ursachen für diese Erscheinungen sind noch sehr im Dunkeln. Einiges aber wissen wir.

Um es zu verstehen, müssen wir etwas weiter ausholen. Wir wissen heute, daß alle unsere Empfindungen, kurz alles, was mit Gefühl, Freude, Trauer, Ärger zusammenhängt, durch chemische Reaktionen im Gehirn bzw. an den Nervenzellen ausgelöst werden. Wird beispielsweise ein Nerv durch einen elektrischen Impuls vom Gehirn her gereizt, so wird an seinem Nervenende, also dort, wo der Nerv in den Muskel oder das Erfolgsorgan eintritt, eine chemische Substanz, eine sogenannte Aktionssubstanz, frei. Beim Sympathicus-Nerv [1] sind es das *Adrenalin* und *Noradrenalin* (siehe Abb. 54), beim Parasympathicus-Nerv oder Vagus das *Acetylcholin.* Dadurch, daß sich diese chemischen Substanzen anschließend mit den spezifischen Haftstellen (Receptoren) der Zellmembran verbinden, werden am Muskel oder Erfolgsorgan erregende oder hemmende Wirkungen ausgelöst. In dem Augenblick, in dem sich das Acetylcholin mit dem Receptor verbindet, kommt es zu einer schlagartigen Änderung der Membrandurchlässigkeit. Die Folge davon ist, daß durch die Membran mehr Kalium, Natrium und Calcium strömen kann, als es dem vorher bestehenden Fließgleichgewicht entsprach. Da aber Kalium, Natrium und Calcium Träger von elektrischen Ladungen sind, ändert sich das elektrische Potential der Membran. Es kommt zu einer Erhöhung oder Erniedrigung der Aktionspotentialfrequenz und damit zu einer Erregung oder Entspannung am Organ. Ein vom Gehirn kommender Reiz wird also in chemische Energie und dann wieder in eine elektrische Energie umgesetzt. Das Wesentliche für unsere Betrachtung ist, daß an der Reizumwandlung chemische Verbindungen beteiligt sind, die der Körper selbst bildet. Was für die in den Körper laufenden Nervenfasern gilt, trifft auch für das Gehirn selbst zu, nur mit dem Unterschied, daß hier außer den schon genannten chemischen Verbindungen noch weitere Substanzen an der Reizfortleitung und Reizumwandlung beteiligt sind. Es sind dies vor allem die Aminosäure *Dihydroxyphenylalanin* (L-Dopa), sein Decarboxylierungsprodukt *Dopamin* und das *Serotonin.* Die beiden letztgenannten Verbindungen rechnet man zusammen mit Adrenalin und Noradrenalin zu den *biogenen Aminen* des Gehirns (siehe Abb. 54). Ob allen Vorgängen im Gehirn, die mit dem Denkprozeß, den Sinneswahrnehmungen und unseren Gefühlsäußerungen zu tun haben, die gleichen chemisch-

---

[1] Siehe Seite 62.

physikalischen Reaktionen zu Grunde liegen, wie wir sie für das Acetylcholin beschrieben haben, wissen wir nicht. Sicher ist aber, daß chemische Verbindungen oder Systeme daran beteiligt sind.

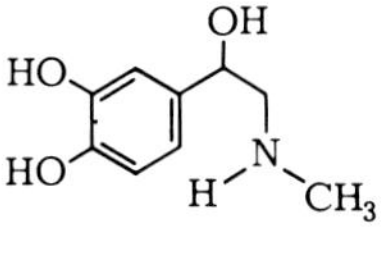

Adrenalin
(Noradrenalin CH_3=H)

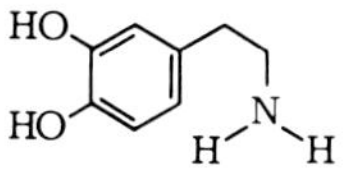

Dopamin

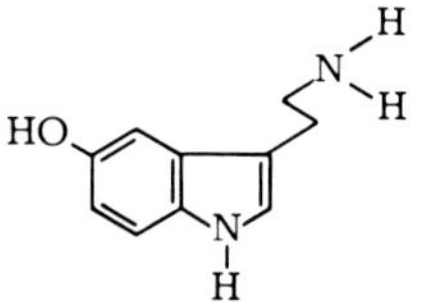

Serotonin
(5-Hydroxy-Tryptamin)

Abb. 54. Biogene Amine des Gehirns

Das ist eine sehr wichtige Erkenntnis. Denn nun können wir wieder auf die eingangs gestellte Frage zurückkommen, weshalb gewisse chemische Stoffe rauschartige Zustände auslösen und andere nicht. Im Chemieunterricht haben wir gelernt, daß sich chemische Substanzen unter bestimmten Bedingungen mit anderen verbinden können, so daß neue Stoffe entstehen. Da ja auch die Rauschgifte solche chemischen Substanzen sind, weshalb sollten nicht auch sie mit körpereigenen Verbindungen des Gehirns in Reaktion treten können? Solche Reaktionen können natürlich sehr verschiedenartig sein. Das Rauschgift könnte sich z. B. mit einer vorhandenen Gehirnsubstanz verbinden und sie dadurch „neutralisieren“. Es könnte aber ebensogut auch die Bildung einer Gehirnsubstanz unterbinden oder umgekehrt auch ihren natürlichen Abbau hemmen. Im ersten Falle wäre eine Verarmung, im zweiten Falle ein Überangebot an dieser Gehirnsubstanz die Folge. Beides könnte zu einer Störung des normalen Gehirnstoffwechsels führen.

Vom Kokain und auch vom Harmin wissen wir, daß sie spezifisch ein Ferment hemmen, das den Abbau von Nor-Adrenalin und Serotonin fördert. Das Ferment heißt Mono-Aminoxydase. Durch diese Aminoxydase-Hemmung reichert sich nach Kokain- und Harmin-Gaben Noradrenalin und Serotonin in verschiedenen Teilen des Hirnstammes an. Das LSD hemmt die Acetylcholinesterase, ein Ferment, das Acetylcholin in unwirksames Cholin und Essigsäure zerlegt und von anderen Halluzinogenen ist bekannt, daß sie spezifisch den Durchtritt biogener Amine durch Zellmembranen in die Speichergewebe hemmen. Wenn sich eine Gehirnsubstanz unter der Wirkung eines von außen zugeführten Stoffes über die normale Konzentration hinaus an einer Stelle anreichert, kann es zu einer vorübergehenden Störung des Gehirnstoffwechsels kommen.

Von den bis heute bekannten 20 000 chemischen Stoffen, die in Pflanzen gefunden wurden, kennt man bisher nur etwa 50 Stoffe, das sind 0,25‰, die solche Störungen verursachen können. Etwas Gemeinsames müssen diese Stoffe also haben! Aber was? Das erste, was man tun kann, um dahinter zu kommen, ist vergleichen. Man vergleicht die chemischen Strukturen der Rauschgifte miteinander. Wenn wir dies bei den Halluzinogenen tun, dann fällt uns auf, daß sie meistens *Indol-* oder *Tryptamin-Strukturen* besitzen oder in ihrem Molekül enthalten. Eine Ausnahme machen nur Mescalin und das THC des Haschisch. Wir erinnern uns ferner, daß auch ein biogenes Amin des Gehirns, das Serotonin, Tryptamin-Struktur hat! Ja und auch das Mescalin ist chemisch ähnlich aufgebaut wie Adrenalin, Noradrenalin oder Dopamin. Ein bloßer Zufall? Wir wissen heute, daß Indol- und Tryptaminstrukturen in der Biochemie psychischer Funktionen eine Rolle spielen. Aber diese Strukturen können nicht allein dafür verantwortlich sein, daß ein Stoff halluzinogen wirkt. Denn der Haschischwirkstoff hat chemisch nicht einmal eine Verwandtschaft mit dieser Struktur. Ja, er enthält nicht einmal Stickstoff, obwohl nahezu alle Rauschgifte Stickstoff führen und zur Gruppe der Alkaloide gehören. Wo sind dann aber noch Gemeinsamkeiten in diesen verschiedenen Strukturen?

Hier halfen folgende Untersuchungen weiter. Man wandelte das LSD-Molekül systematisch ab und prüfte die neuen Verbindungen auf ihre halluzinogenen Eigenschaften. Überraschenderweise ging beim LSD die gesamte Halluzinogenaktivität verloren, wenn man in Nachbarstellung zum Indolstickstoff (C-2-Atom, Abb. 42) eine Hydroxylgruppe oder ein Brom-Atom einführte. Dasselbe war der Fall, wenn man die Doppelbildung im obersten Ring zwischen dem C-Atom 9 und 10 durch Wasserstoffbehandlung beseitigte. Die Wegnahme der Diäthylgruppe liefert das Lysergsäureamid, das nur $^{1}/_{100}$ der LSD-25-Wirkung besitzt. Ähnliches beobachtete man auch beim Mescalin. Verrückte man nur eine der drei vorhandenen OCH_3-Gruppen im Mescalin an eine andere Stelle, so verschwand die Halluzinogenaktivität völlig. Und auch beim Haschischwirkstoff haben systematische Abänderungen des Moleküls gezeigt, daß die phenolische Hydroxylgruppe und die Doppelbindung im terpenoiden Ring von größter Wichtigkeit sind. Ohne sie hatte das einstige THC nur noch einen Teil der ursprünglichen Wirksamkeit. Demnach können bereits kleinste Abänderungen am Halluzinogenmolekül, die die Grundstruktur selbst nicht verändern, zum teilweisen oder totalen Aktivitätsverlust führen. Wenn also nicht die Grund-(Grob)-Struktur entscheidend ist, dann muß es die *Feinstruktur* einer chemischen Verbindung sein. Man versteht darunter z. B. die spezifische räumliche und geometrische Anordnung von Atomgruppen am Molekül. Dazu gehören auch der Energiezustand eines Moleküls und die Art und Weise, wie die elektrischen Ladungen über das ganze Molekül verteilt sind. Als man nun bei Indol-, Tryptamin- und Phenyläthylaminverbindungen solche Energieberechnungen durchführte, kam man hinter etwas sehr Interessantes. Alle starken Halluzinogene erwiesen sich als besonders starke Elektronenspender, und je weniger diese Fähigkeit zur Elektronenabgabe vorhanden war, um so geringer war auch die halluzinogene Wirkung. Solche Berechnungen erfordern einen ziemlichen Rechenaufwand, denn LSD oder Mescalin bestehen ja nicht aus einem einzigen Atom, sondern sind aus vielen Einzelatomen zusammengesetzte Moleküle.

Jedem Atom dieses Moleküls kommt dabei eine eigene Energie zu und diese ändert sich wieder mit jeder Bindung, die ein Atom mit einem anderen eingeht. Für Moleküle kann ein solcher Rechenaufwand nur noch mit Computern bewältigt werden. Was dabei als Energiezustand für das gesamte Molekül herauskommt, bezeichnet man im angelsächsischen Sprachgebrauch als *h*ighest *f*illed *mo*lecular *o*rbital- = HFMO-Energie. Das ist ein relatives Maß für die Fähigkeit eines Elektrons (das sich in dem am höchsten besetzten molekularen Orbital befindet), auf ein Acceptor-Molekül übertragen zu werden. Und je höher die HFMO-Energie ist, um so größer ist auch die Neigung eines Moleküls Elektronen abzugeben.

Droge	Halluzinogen-Aktivität [1]	HFMO-Energie [2]
LSD	3700	0,2180
Psilocin	31	0,4603
6-OH-Diäthyltryptamin	25	0,4700
TMA-2	17	0,4810
TMA-3	2	0,5696
Phenyläthylamin	—	0,8619

Abb. 55. Beziehung zwischen Halluzinogenaktivität und HFMO-Energie
[1] Die Zahlenwerte der Halluzinogenaktivität drücken das Verhältnis aus von effektiver Dosis von Mescalin am Menschen (3,75 mg/kg) zu effektiver Dosis der jeweiligen Substanz.
[2] Ausgedrückt in β-Einheiten, so daß TMA-2 ein besserer Elektronengeber als TMA-3 ist. (Nach S. H. Snyden u. C. R. Merril).

Eine Tabelle (Abb. 55) soll diese Beziehung zwischen errechneter HFMO-Energie und halluzinogener Wirkung veranschaulichen. Um die Tabelle aber richtig lesen zu können, muß man wissen, daß die HFMO-Energie in reziproken β-Werten ausgedrückt wird. Niedrige Zahlenwerte entsprechen hoher Halluzinogenaktivität und umgekehrt. Die Halluzinogenaktivität ist ausgedrückt als Verhältnis von Wirkdosis eines Halluzinogens beim Menschen zur Wirkdosis einer verabreichten Droge. Wie die Tabelle zeigt, besitzt LSD die höchste und vergleichsweise damit das Phenyläthylamin die niedrigste HFMO-Energie. LSD hat eine Halluzinogenaktivität von 3700, während das Phenyläthylamin völlig unwirksam ist. Psilocin und 6-Hydroxy-diäthyltryptamin z. B. liegen beide in der Wirkung gleich weit hinter dem LSD. Dasselbe trifft für die HFMO-Werte zu. TMA-2 und TMA-3 (*Tr*i*m*ethyl*am*phetamin), synthetische Verbindungen, die mit Mescalin nahe verwandt sind, sind entsprechend ihren HFMO-Werten nur schwache Halluzinogene. Für den Haschischwirkstoff und die anderen Verbindungen fehlen noch solche Berechnungen.

Sollten auch hier die Ergebnisse mit den anderen übereinstimmen, so wäre man wieder ein gutes Stück weiter gekommen, um den Wirkungsmechanismus der Rauschdroge wissenschaftlich zu erklären.

Eines aber können wir heute schon sagen: Ganz gleich, zu welchem Ergebnis die Forschung auf diesem Gebiet kommen wird, mit einer einzigen chemischen Reaktion oder einer einzigen mathematischen Formel wird man das Phänomen Rausch wohl nie erklären können.

IX. Rauschgifte — Segen und Gefahr für die Menschheit

Im Zusammenhang mit Rauschgiften von Segen zu sprechen, erscheint paradox. Aber doch wissen wir, daß die ersten Giftpflanzen, die entdeckt wurden, auch zugleich unsere ersten Heilpflanzen waren. Wählt man die richtige Dosierung, so entfalten diese Drogen eine segensreiche Wirkung, auf die wir auch heute noch nicht verzichten können. So ist es mit dem Opium und Morphin, dem Atropin und Scopolamin und vielen anderen. Nur die Halluzinogendrogen scheinen eine Ausnahme zu machen; denn weder Mescalin noch LSD kann man heute in der Apotheke kaufen. Das hat aber andere Gründe. Die Halluzinogene wirken in erster Linie auf die Psyche des Menschen. Ihre Anwendung soll daher nur dem erfahrenen Psychiater vorbehalten sein. Nur er kann entscheiden, wo und wann diese Stoffe mit Aussicht auf Erfolg eingesetzt werden können. Dadurch, daß diese Drogen nämlich Weltbild und Persönlichkeit eines Menschen ändern können, gelingt es, einen seelisch Kranken aus seiner autistischen Isolierung herauszulösen. Der verlorengegangene Kontakt zwischen Arzt und Patient wird wieder hergestellt. Die in LSD-Sitzungen zutage tretenden Kindheitserinnerungen und unbewußten Vorfälle aus seiner Vergangenheit helfen dem Patienten und Arzt, die Ursachen seelischer Erkrankungen aufzufinden.

Heilerfolge liegen heute vor bei Alkoholismus, Homosexualität, Hysterien, Zwangsneurosen, bei Frigidität und sogar bei gewissen Formen der Schizophrenie.

Die Halluzinogendrogen verdienen daher mit Recht die Bezeichnung *Psychopharmaca* und gehören heute ebenso zu unserem Arzneischatz wie viele andere Rauschgiftdrogen. Die Halluzinogene haben noch eine Eigenschaft, die sich segensreich für die Menschheit auswirken könnte. Sie erzeugen sogenannte Modellpsychosen, die gewissen Formen von Geisteskrankheit sehr ähnlich sind. Was man sich davon erhofft, ist schnell gesagt. Man nimmt an, daß sich die chemischen oder biochemischen Veränderungen, die durch Halluzinogene im Gehirn ausgelöst werden, nicht sehr von denen bei Geisteskrankheiten unterscheiden. Wenn dies zuträfe, hätte man eine Methode, um am gesunden Menschen oder Tier derartige „Stoffwechselentgleisungen" genauer zu studieren und herauszufinden, wo der Defekt in diesem kompliziertesten aller biochemischen Systeme liegt. Diese Hoffnung allein rechtfertigt die Erforschung der vorhandenen Rauschgiftdrogen und die Suche nach den vielen anderen, die noch in den Urwäldern Mittel- und Südamerikas auf ihre Entdeckung warten.

Daß jede neue Erkenntnis der Wissenschaft auch die Gefahr des Mißbrauches in sich trägt, kennen wir von vielen Entdeckungen. Als Dr. HOFMANN in seinem Laboratorium versuchte, hinter das Geheimnis der mexikanischen Zauberdrogen zu kommen, dachte er ebensowenig an die möglichen negativen Folgen seiner Entdeckung, wie OTTO HAHN bei seinen Experimenten über die Atomspaltung. Von der großen Suchtgefahr dieser Drogen mit all ihren möglichen körperlichen und seelischen Dauerschäden haben wir schon gesprochen. Was noch schwerer wiegt, sind die tiefgreifenden Einwirkungen dieser Drogen auf die Persönlichkeit des Menschen. Der Mensch kann leicht durch solche Drogen manipuliert und zum Spielball und willenlosen Werkzeug anderer werden. Wer kann Diktatoren, Partei-Idiologen, Sektierer und Geheimdienstoffiziere daran hindern, sich dieser Drogen zu bedienen? Und liegt es nicht nahe, diese Drogen im Kriegsfall als *Psychokampfstoffe* einzusetzen, um Generalstab und kämpfende Truppe für Stunden außer Gefecht zu setzen.

Nur wenige Gramm LSD in der Trinkwasserversorgung einer Großstadt würden genügen, um Zehntausende von Menschen 8 bis 10 Stunden lang zu Harlekinen eines Rundfunk- oder Fernsehagitators zu machen! Der französische Dichter CHARLES BAUDELAIRE, der selbst rauschgiftsüchtig war, hat in seinem Werk „Les paradis artificiels“ — „die künstlichen Paradiese“ — auf die Gefahr mit folgenden Worten hingewiesen: „Gäbe es eine Regierung, die den Untergang ihrer Untertanen beabsichtigte, sie müßte nur zum Haschischgebrauch ermutigen.“

Solche traurigen und unheimlichen Visionen bräuchten wir nicht ernst zu nehmen, wenn wir sicher sein könnten, daß verantwortungsbewußte Staatsmänner, Kontrollbeamte, Ärzte und Unternehmer über die Verwendung dieser Drogen ein wachsames Auge haben. Hoffentlich erinnern sich die Verantwortlichen daran, wie die Medizinmänner und Opferpriester vor Jahrtausenden dieses Problem gelöst haben!

Sachverzeichnis

Herstellung: Konrad Triltsch, Graphischer Betrieb, Würzburg

70 O. F. Bollnow: Die Lebensphilosophie
71 E. Rüchardt: Bausteine der Körperwelt und der Strahlung
72 P. Lorenzen: Die Entstehung der exakten Wissenschaften
73 N. Arley/H. Skov: Atomkraft
74 G. H. R. v. Koenigswald: Die Geschichte des Menschen
75 P. Buchner: Tiere als Mikrobenzüchter
76 A. Gabriel: Die Wüsten der Erde und ihre Erforschung
77 E. Hadorn: Experimentelle Entwicklungsforschung an Amphibien
78 F. Schaller: Die Unterwelt des Tierreiches
79 B. Peyer: Die Zähne. Ihr Ursprung, ihre Geschichte und ihre Aufgabe
80 E. J. Slijper: Riesen des Meeres
81 E. Thenius: Versteinerte Urkunden
82 H. Trimborn: Die indianischen Hochkulturen des alten Amerika
83 K. Koch: Das Buch der Bücher
84 H. H. Meinke: Elektromagnetische Wellen
85 J. Fraser: Treibende Welt
86 V. Ziswiler: Bedrohte und ausgerottete Tiere
87 G. Osche: Die Welt der Parasiten
88 S. L. Tuxen: Insektenstimmen
89 F. Henschen: Der menschliche Schädel in der Kulturgeschichte
90 R. Müller: Die Planeten und ihre Monde
91 C. Elze: Der menschliche Körper
92 E. T. Nielsen: Insekten auf Reisen
93 H. Hölder: Naturgeschichte des Lebens
94 H. Reuter: Die Wissenschaft vom Wetter
95 A. Krebs: Strahlenbiologie
96 W. Schwenke: Zwischen Gift und Hunger
97 K. L. Wolf: Tropfen, Blasen und Lamellen
98 H. W. Franke: Methoden der Geochronologie
99 H. Wagner: Rauschgiftdrogen
100 E. Otto: Wesen und Wandel der ägyptischen Kultur
101 F. Link: Der Mond
102 G.-M. Schwab: Was ist physikalische Chemie?
103 H. Donner: Herrschergestalten in Israel
104 G. Thielcke: Vogelstimmen
105 G. Lanczkowski: Aztekische Sprache und Überlieferung
106 R. Müller: Der Himmel über dem Menschen der Steinzeit
107 W. Braunbek: Einführung in die Physik und Technik der Halbleiter
108 E. R. Reiter: Strahlströme — Ihr Einfluß auf das Wetter
109 W. E. Kock: Schallwellen und Lichtwellen. Die Grundlagen der Wellenbewegung